Spring Boot par la pratique

Bertrand Nguimgo

Spring Boot par la pratique

Développer les services Rest
avec Spring-Boot et Spring-RestTemplate

LES ÉDITIONS DU NET
126, rue du Landy 93400 St Ouen

ISBN : 978-2-312-05922-8

Avant-Propos

Le but de ce livre est de présenter avec la pratique à l'appui, comment développer les services REST à partir de Spring Boot et de Spring RestTemplate. Le client et le serveur seront développés dans deux applications distinctes afin de montrer une séparation claire qui existe entre les deux parties.

Chapitre I : Introduction

La plupart des applications d'entreprises sont des applications client/serveur. Pour développer ces applications, les deux solutions les plus dominantes sur le marché sont les web services REST (Representational State Transfer) et web services SOAP (Simple Object Access Protocol). SOAP est un protocole très normé et plus ancien que REST.

L'objectif de ce livre n'est pas de faire une étude comparée des deux technologies, mais avant de passer des heures à choisir entre SOAP et REST, il faut prendre en compte le fait que certains services web supportent l'une et pas l'autre technologie. Par exemple, SOAP fonctionne en environnement distribué (Point à multipoint) alors que REST nécessite une communication directe point à point, basée sur l'utilisation des URI.

De plus en plus d'entreprises préfèrent les services REST pour leur simplicité de mise en œuvre, et c'est l'une des raisons pour lesquelles l'idée m'est venue d'écrire ce livre et surtout de montrer comment mettre en œuvre un service REST. Pour plus d'informations sur la technologie SOAP et son implémentation, je vous conseille d'excellents tutoriels de Mickael Baron, le responsable de la rubrique web de Developpez.com.

À la fin de ce livre, vous devrez être capable de développer des web services REST en utilisant la technologie Spring Boot, savoir automatiser les tests unitaires et les tests d'intégration, être capable de mieux gérer les exceptions dans une application REST et le tout en Java8.

I-1 CAHIER DES CHARGES

Il s'agit de développer un portail web d'inscription et de connexion en utilisant les services RESTFul côté serveur et Spring RestTemplate côté client.

INFO : Le serveur sera développé dans une application à part et le client dans une autre. Je vais ensuite mettre en relation les deux services grâce à l'URL du serveur et le Framework Spring RestTemplate. Ce choix d'architecture permet de bien mettre en évidence la séparation des services REST et leur consommation par les clients.

INFO : Dans cette partie, il n'y aura aucun fichier JSP (Java Server Page) à écrire. Ça se fera côté client.

I-1-1 Page de connexion

Ci-dessous une page de connexion exemple qui sera développée :

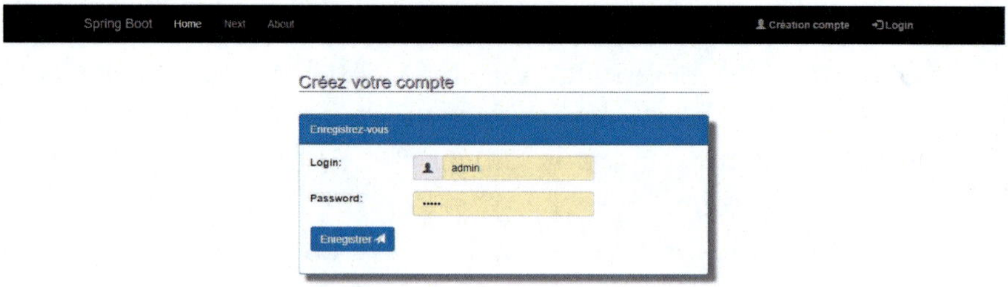

Écran de création du compte et de connexion

I-2 TECHNOLOGIES UTILISÉES

Technologies à implémenter dans ce projet

– Spring Boot-1.5.9-RELEASE.
– Java-1.8.
– Frameworks : Maven, SpringMVC, Spring-RestTemplate, Mockito, JSON, Boomerang.
– Base de données embarquée, H2 et hsqldb.
– Tomcat-8.
– IDE : Eclipse-Mars-4.5.0.
– La plupart des technologies sont embarquées par Spring Boot.

I-3 POURQUOI UTILISER SPRING BOOT ?

I-3-1 Définitions

Spring est un Framework de développement d'applications Java, qui apporte plusieurs fonctionnalités comme Spring Security, SpringMVC, Spring Batch, Spring Ioc, Spring Data, etc. Ces Frameworks ont pour objectif de faciliter la tâche aux développeurs. Malheureusement, leurs mises en oeuvre deviennent très complexes à travers les fichiers de configuration XML qui ne cessent de grossir, et une gestion des dépendances fastidieuse. C'est pour répondre à cette inquiétude que le projet Spring Boot a vu le jour.

Spring Boot est un sous projet de Spring qui vise à rendre Spring plus facile d'utilisation en élimant plusieurs étapes de configuration. L'objectif de Spring Boot est de permettre aux développeurs de se concentrer sur des tâches techniques et non des tâches de configurations, de déploiements, etc. Ce qui a pour conséquences un gain de temps et de productivité (avec Spring Boot, il est très facile de démarrer un projet n-tiers).

I-3-2 Avantages de Spring Boot

Spring Boot apporte à Spring une très grande simplicité d'utilisation :

1 - Il facilite notamment la création, la configuration et le déploiement d'une application complète. **On n'a plus besoin des fichiers XML à configurer** (pas besoin du fichier du descripteur de déploiement web.xml dans le cas d'une application web). Nous verrons plus bas comment cela est possible.

2 - Spring Boot permet de **déployer très facilement une application dans plusieurs environnements sans avoir à écrire des scripts**. Pour ce faire, une simple indication de l'environnement (développement ou production) dans le fichier de propriétés (**.properties**) suffit à déployer l'application dans l'un ou l'autre environnement. Ceci est rendu possible grâce à la notion de profil à déclarer toujours dans le fichier de propriétés. Je vous présenterai des exemples de cas d'utilisation.

3 - Spring Boot possède **un serveur d'application Tomcat embarqué** afin de faciliter le déploiement d'une application web. Il est possible d'utiliser un serveur autre ou externe, grâce à une simple déclaration dans le fichier pom.xml.

4 - Spring Boot permet de mettre en place **un suivi métrique de l'application** une fois déployée sur le serveur afin de suivre en temps réel l'activité du serveur, ceci grâce à **spring-boot-starter-actuator**.

I-4 Présentation des services REST

Les services REST représentent un style d'architecture pour développer des services web. Une API qui respecte les principes REST est appelée **API-RESTful**.

Les principes clés de REST impliquent la séparation de l'API en ressources logiques. Ce qui revient à penser à comment obtenir chaque ressource.

Une ressource est un objet ou une représentation d'objets contenant éventuellement des données. Exemple : un employé d'une société est une ressource. La manipulation de ces ressources repose sur le protocole HTTP à travers les méthodes d'actions **GET, POST, PUT, PATCH, DELETE**.

Pour obtenir une ressource, il faut déjà l'identifier à travers une URL et bien la nommer.

Une **URL (Uniform Ressource Locator)** indique le chemin vers une ressource. Cette ressource n'est pas toujours disponible. Lorsque l'URL pointe vers une ressource disponible, on parle d'une **URI**.
Une **URI (Uniform Ressource Identifier)** est l'identifiant unique de ressource sur un réseau (**URI = URL + Ressource**). *Une URI est donc une URL qui pointe vers une ressource bien identifiée.*

Dans l'implémentation des services REST, une bonne identification de la ressource est l'utilisation des noms et non des verbes. Par exemple, pour notre portail de connexion, j'aurai besoin d'une ressource utilisateur nommée User et d'une URL qui pointe vers cette ressource (l'ensemble formera l'URI de la ressource User), ce qui donne par exemple :
http://localhost:8080/springboot-restserver/user
Une fois que la ressource est identifiée, on a besoin de la manipuler. Par exemple la mettre à jour, supprimer, ou en créer une autre.

Pour ce faire on utilise les méthodes HTTP suivantes :
– **GET /users** -- extraction de tous les utilisateurs.
– **GET /users/1** -- extraction de l'utilisateur ayant l'identifiant 1.
– **DELETE /users/1** -- suppression de l'utilisateur 1.

– **POST /users** -- création d'un nouvel utilisateur.
– **PUT /users/1** -- mise à jour de l'utilisateur 1.
– **PATCH /users/1** -- mise à jour partielle de l'utilisateur 1.

Info : *Il est conseillé d'utiliser les noms au pluriel (users et non user) pour un bon nommage, qui n'est certes pas obligatoire, mais apporte une certaine lisibilité entre le mapping de l'URL et la ressource.*

Chapitre II : Développement du serveur

II-1 Mise en place de l'architecture

Dans cette partie, je vais créer l'architecture de base de l'application à partir Spring Boot. **Pour créer l'application, vous avez plusieurs possibilités:**

– Créer à partir de l'**IDE Eclipse** un projet Maven simple et le compléter avec les dépendances dont vous avez besoin.
– Créer un projet à partir du générateur fourni par Spring Boot à l'adresse **https://start.spring.io/**

C'est cette deuxième option que nous allons utiliser. L'avantage, c'est qu'on peut choisir très aisément toutes les dépendances directement.

Info : *Pour voir toutes les dépendances proposées par Spring Boot, dérouler le menu en cliquant sur:* ***"Switch to the full version"****. Vous pourriez aussi changer de version Spring Boot après génération, car Spring Boot ne propose pas la possibilité de choisir les versions antérieures lors de la génération.*

Voici la capture web de génération basique d'un projet web avec Spring Boot :

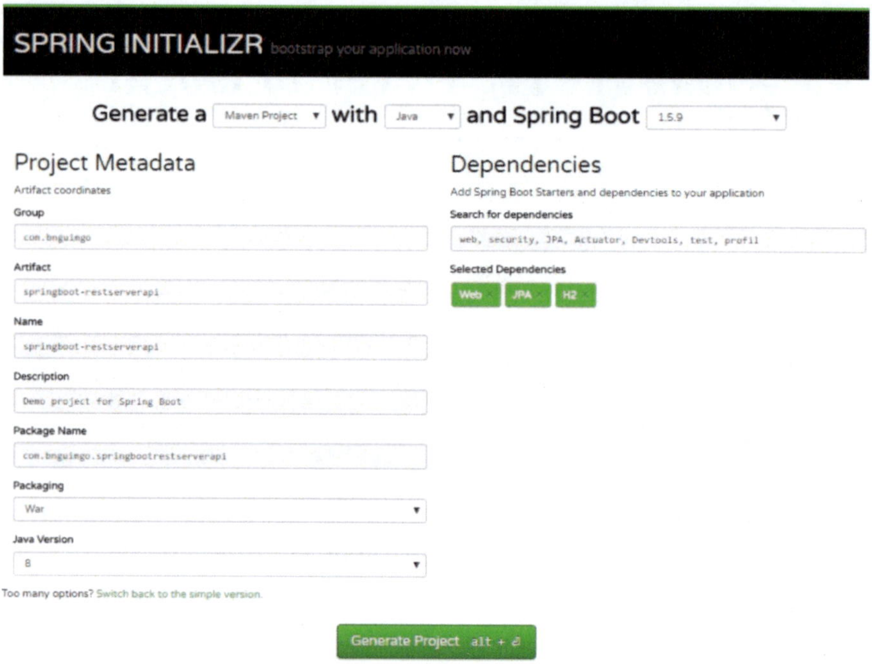

Génération du squelette projet avec Spring Boot

Comme le montre la capture, il y a trois dépendances principales qui ont été sélectionnées :

– **Web** : pour tout ce qui est projet web (Spring Boot va ramener toutes les dépendances nécessaires pour une application web).
– **JPA** : pour la couche de persistance.
– **H2** : pour la base de données.

Il faut choisir un packaging **war** puisque l'application sera une application web et va tourner sur un serveur d'application **Tomcat**. Comme on peut le constater dans la capture, l'application sera développée en **Java8**.

Pour importer le projet dans Eclipse, décompressez-le et suivez la démarche ci-dessous:
Fichier --> Import --> Maven --> Existing Maven Projects --> Indiquez le répertoire du pom.xml --> Finish

Présentation du contenu du fichier pom.xml

L'élément central dans un projet Maven est le fichier **pom.xml**. Ci-dessous le fichier pom.xml généré :

contenu du fichier pom.xml généré

```

<?xml version="1.0" encoding="UTF-8"?>
<project xmlns="http://maven.apache.org/POM/4.0.0" xmlns:xsi="http://www.w3.org/2001/
XMLSchema-instance"
xsi:schemaLocation="http://maven.apache.org/POM/4.0.0 http://maven.apache.org/xsd/
maven-4.0.0.xsd">
<modelVersion>4.0.0</modelVersion>

<groupId>com.bnguimgo</groupId>
<artifactId>springboot-restserver</artifactId>
<version>0.0.1-SNAPSHOT</version>
<packaging>war</packaging>

<name>springboot-restserver</name>
<description>Demo project for Spring Boot</description>

<parent>
<groupId>org.springframework.boot</groupId>
<artifactId>spring-boot-starter-parent</artifactId>
<version>1.5.9.RELEASE</version>
<relativePath/> <!-- lookup parent from repository -->
</parent>

<properties>
<startclass>
com.bnguimgo.restclient.com.bnguimgo.springbootrestserver.SpringbootRestserverApplication</sta
rtclass><!--
cette déclaration est optionnelle -->
<project.build.sourceEncoding>UTF-8</project.build.sourceEncoding>
<project.reporting.outputEncoding>UTF-8</project.reporting.outputEncoding>
<java.version>1.8</java.version>
</properties>

<dependencies>
<dependency>
<groupId>org.springframework.boot</groupId>
```

```
<artifactId>spring-boot-starter-data-jpa</artifactId>
</dependency>
<dependency>
<groupId>org.springframework.boot</groupId>
<artifactId>spring-boot-starter-web</artifactId>
</dependency>

<dependency>
<groupId>com.h2database</groupId>
<artifactId>h2</artifactId>
<scope>runtime</scope>
</dependency>
<dependency>
<groupId>org.springframework.boot</groupId>
<artifactId>spring-boot-starter-tomcat</artifactId>
<scope>provided</scope>
</dependency>
<dependency>
<groupId>org.springframework.boot</groupId>
<artifactId>spring-boot-starter-test</artifactId>
<scope>test</scope>
</dependency>
</dependencies>

<build>
<plugins>
<plugin>
<groupId>org.springframework.boot</groupId>
<artifactId>spring-boot-maven-plugin</artifactId>
</plugin>
</plugins>
</build>

</project>
```

Quelques explications :

La dépendance **spring-boot-starter-parent** permet de rapatrier la plupart des dépendances du projet. Sans elle, le fichier pom.xml serait plus complexe.

La dépendance **spring-boot-starter-web** indique à Spring Boot qu'il s'agit d'une application web, ce qui permet à Spring Boot de rapatrier les dépendances comme **SpringMVC, SpringContext**, et même le serveur d'application **Tomcat**, etc.

Vous avez aussi constaté la présence de la dépendance **spring-boot-starter-tomcat** qui n'est pas obligatoire, mais comme il s'agit d'une application web, Spring Boot par anticipation intègre un serveur d'application Tomcat afin de faciliter le déploiement de l'application. Cette dépendance n'étant pas obligatoire, vous pouvez la supprimer. Dans notre cas, on va utiliser un serveur Tomcat externe à travers une configuration Eclipse.

Il faut noter aussi l'absence des versions dans les dépendances. Ceci est dû au fait que Spring Boot gère de manière très autonome les versions et nous n'avons plus besoin de les déclarer.

Enfin, j'ai ajouté la déclaration ci-dessous qui permet de spécifier le **point d'entrée de l'application**. Cette déclaration est optionnelle, car Spring Boot est capable de rechercher tout seul la classe contenant la méthode ***main(String[] args)***.

Spécification optionnelle du point d'entrée de l'application

```
<startclass>
com.bnguimgo.restclient.com.bnguimgo.springbootrestserver.SpringbootRestserverApplication</sta
rtclass>
```

Info : *Pour utiliser un serveur d'application différent, ou un serveur d'application externe, il faut commenter la dépendance Tomcat et déclarer juste la version cible dans la partie de déclaration des propriétés comme ci-dessous :*

```
1.
2. <properties>
3. <project.build.sourceEncoding>UTF-8</project.build.sourceEncoding>
4. <project.reporting.outputEncoding>UTF-8</project.reporting.outputEncoding>
5. <java.version>1.8</java.version>
6. <tomcat.version>8.0.41</tomcat.version><!-remplace la version embarquée de Tomcat -->
7. </properties>
```

La dépendance **spring-boot-starter-data-jpa** est nécessaire pour le développement de la couche de persistance.
Les autres dépendances seront ajoutées notamment pour les besoins de tests.

II-2 STRUCTURE DE L'APPLICATION

Ci-dessous la structure du projet généré :

INFO : *Il n'est pas encore possible de tester l'application, car il manque un contrôleur pour envoyer ce qu'il faut afficher.*

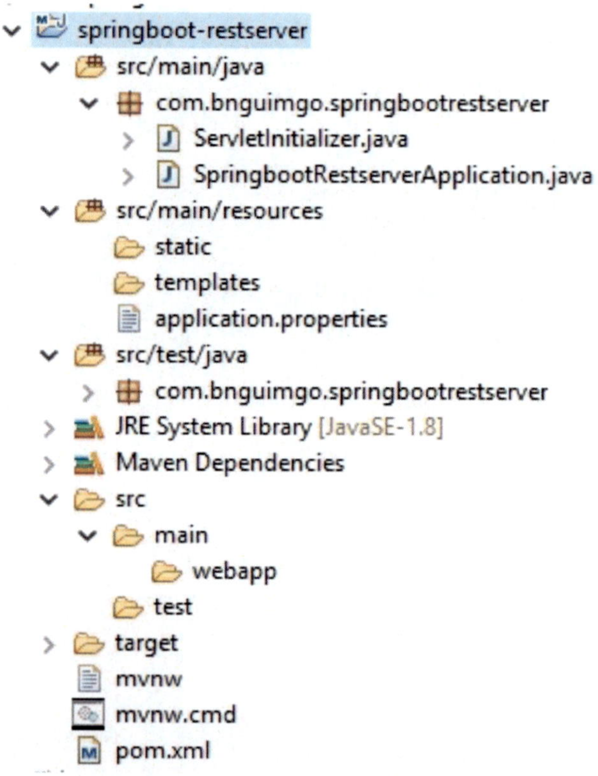

Structure de l'application créée par génération

INFO *: Il faut relever particulièrement l'absence du fichier de descripteur du déploiement* ***web.xml*** *dont on a plus besoin dans une application Spring Boot. Voir ci-dessous les raisons.*

Le point d'entrée de l'application est la classe **SpringbootRestserverApplication**:

Point d'entrée de l'application

```

package com.bnguimgo.springbootrestserver;

import org.springframework.boot.SpringApplication;
import org.springframework.boot.autoconfigure.SpringBootApplication;

@SpringBootApplication
public class SpringbootRestserverApplication {

public static void main(String[] args) {
SpringApplication.run(SpringbootRestserverApplication.class, args);
}
}
```

L'application est initialisée par la classe **ServletInitializer**:

Classe d'initialisation de l'application

```

package com.bnguimgo.springbootrestserver;

import org.springframework.boot.builder.SpringApplicationBuilder;
import org.springframework.boot.web.support.SpringBootServletInitializer;

public class ServletInitializer extends SpringBootServletInitializer {

@Override
protected SpringApplicationBuilder configure(SpringApplicationBuilder application) {
return application.sources(SpringbootRestserverApplication.class);
}
}
```

Dans le package principal **com.bnguimgo.springbootrestserver**, nous avons les deux classes **ServletInitializer** et **SpringbootRestserverApplication**. Vous pouvez nommer ces classes comme vous voulez.

La classe **ServletInitializer** permet l'initialisation de l'application. Elle étend la classe **SpringBootServletInitializer** qui est à l'origine de cette initialisation et remplace ainsi l'ancien fichier **web.xml**.

La classe **SpringbootRestserverApplication** contient la méthode ***void main(String[] args)*** nécessaire dans une application Spring Boot, et permet l'exécution de celle-ci : c'est le point d'entrée de l'application.

INFO : *La classe de démarrage de l'application SpringbootRest-serverApplication doit être à la racine du package principal si on veut permettre à Spring de scanner les sous-packages en utilisant l'annotation **@SpringBootApplication**.*

INFO : *L'annotation **@SpringBootApplication** est centrale dans une application Spring Boot et permet de scanner le package courant et ses sous-packages. Elle existe depuis SpringBoot-1.2.0 et est équivalente à l'ensemble des annotations **@Configuration**, **@EnableAutoConfiguration** et **@ComponentScan***

Voici les avantages qu'apporte cette annotation :

– Elle remplace l'annotation **@Configuration** qui permet de configurer une classe comme une source de définition des beans Spring.
– On aurait aussi pu ajouter l'annotation **@EnableWebMvc** pour indiquer qu'il s'agit d'une application SpringMVC, mais grâce à SpringBootApplication, cette annotation n'est pas nécessaire, car Spring Boot va automatiquement l'ajouter dès qu'il verra que dans le workspace, il existe ne bibliothèque spring-webmvc.
– Elle remplace également l'annotation **@ComponentScan** qui autorise Spring à rechercher tous les composants, les configurations et autres services de l'application et à initialiser tous les contrôleurs.

Dans le dossier src/main/resources, il y a :
– Le dossier **static** qui permet de stocker tous les **fichiers images, CSS,** bref tous les fichiers qui ne fournissent pas un contenu dynamique (son utilisation n'est pas obligatoire).
– Le dossier **templates** qui permet de stocker des fichiers web si on utilise le **Framework Thymeleaf** de Spring (Thymeleaf ne sera pas utilisé dans le cadre de ce projet).
– Le fichier **application.properties** qui nous sera très utile pour configurer le projet. Pour le moment, il est vide, car je vais d'abord utiliser les configurations par défaut de Spring Boot.

II-3 CRÉATION DU SERVICE

Il faut créer un premier service REST qui permet juste de démarrer et tester l'application. Voici un petit service qui teste si le serveur a bien démarré (mettre cette classe dans le même package que **SpringbootRestserverApplication**) :

Un mini service REST (RestServices) pour tester le démarrage de l'application

```

package com.bnguimgo.springbootrestserver;
import org.slf4j.Logger;
import org.slf4j.LoggerFactory;
import org.springframework.http.HttpStatus;
import org.springframework.http.ResponseEntity;
import org.springframework.stereotype.Controller;
import org.springframework.web.bind.annotation.GetMapping;

@Controller
public class RestServices {

private static final Logger logger = LoggerFactory.getLogger(RestServices.class);

@GetMapping(value = "/")
public ResponseEntity<String> pong()
{
logger.info("Démarrage des services OK .....");
return new ResponseEntity<String>("Réponse du serveur: "+HttpStatus.OK.name(), HttpStatus.OK);
}

```

```
22. }
```

INFO : *La classe est annotée* ***@Controller*** *afin de permettre à Spring d'enregistrer cette classe comme un contrôleur, et surtout de mémoriser les requêtes que cette classe est capable de gérer.*

L'annotation **@GetMapping(value = "/")** est une nouvelle annotation introduite par Spring qui remplace l'annotation classique **@RequestMapping** et correspond exactement à **RequestMapping(method=RequestMethod.GET, value = "/").**

J'ai intégré un **logger** sans faire aucune configuration et ça marche. Si vous regardez votre console, vous verrez bien les traces de logs lors du démarrage de l'application. C'est l'un des avantages de Spring Boot qui configure par défaut un logger pour nous. Je vais vous montrer plus loin comment personnaliser le logger par défaut. Le service est prêt à être testé.

II-4 TEST DE LA CONFIGURATION

Le service sera testé avec un serveur d'application externe Tomcat. Il faut donc configurer ce serveur dans l'IDE Eclipse. Pour ajouter un nouveau serveur dans Eclipse :

Fichier --> Nouveau Others… --> Server --> Next --> Tomcat v8.0 Server --> Finish
Pour tester l'application dans Eclipse, après compilation : clic droit sur l'application --> Run As --> Run on Server --> Tomcat v8.0 Server at localhost --> Next --> Finish

Résultat dans Eclipse:

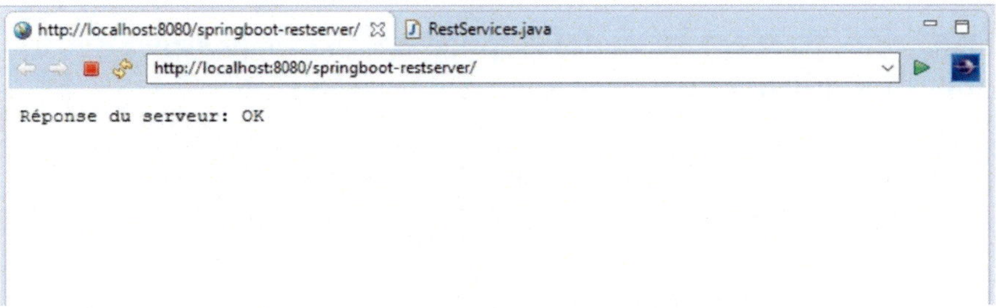

Test du service REST dans l'IDE Eclipse

Il est possible de tester directement sur un navigateur web ou un client REST. Voici le résultat dans le navigateur Mozilla:

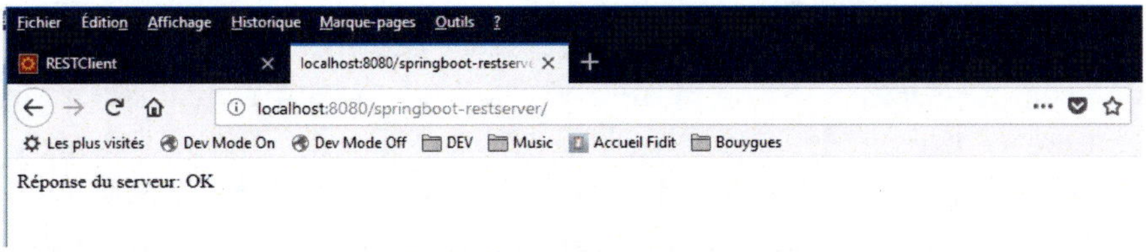

Test de l'application sur Mozilla

Maintenant que notre environnement est en place, on peut développer un service REST complet.

INFO : *Je rappelle que dans cette partie, seul le serveur est développé, mais le client sera développé aussi dans la deuxième partie du tutoriel. Le travail à faire consiste à développer un service qui permet à un internaute de créer son compte et de se connecter à l'application, le tout en services REST.*

II-5 CRÉATION DES COUCHES DE L'APPLICATION

Dans cette partie, je vais développer un service complet de gestion d'un utilisateur :

– Extraction de tous les utilisateurs.
– Extraction d'un utilisateur à base de son identifiant.
– Création d'un utilisateur.
– Mise à jour de l'utilisateur.
– Suppression d'un utilisateur.

II-5-1 Création du modèle

Pour mettre en place le service d'extraction, il nous faut un objet utilisateur (**User**). Nous aimerions aussi connaître les rôles de chaque utilisateur, par exemple s'il est administrateur **(ROLE_ADMIN)** ou simple utilisateur **(ROLE_USER)** de l'application. Il faudra donc aussi créer un objet Role pour stocker ces informations. Sachant qu'un utilisateur peut avoir les deux rôles, cette relation donnera lieu à une nouvelle association **ManyToMany**. Voyons toute de suite comment implémenter.

Il faut créer un nouveau sous-package nommé **model** dans le package racine **com.bnguimgo.springbootrestserver**. Il faut ajouter dans le model les deux entités ci-dessous :

Création de l'entité User

```

package com.bnguimgo.springbootrestserver.model;

import java.io.Serializable;
import java.util.HashSet;
import java.util.Set;

import javax.persistence.*;
import javax.xml.bind.annotation.XmlElement;
import javax.xml.bind.annotation.XmlRootElement;

```

```java
import com.bnguimgo.springbootrestserver.dto.UserDTO;
import com.bnguimgo.restclient.dto.UserRegistrationForm;

@Entity
@Table(name = "UTILISATEUR")
@XmlRootElement(name = "user")
public class User implements Serializable{

@Id
@GeneratedValue(strategy = GenerationType.IDENTITY)
@Column(name = "USER_ID", updatable = false, nullable = false)
private Long id;

@Column(name = "LOGIN", unique=true, insertable=true, updatable=true, nullable=false)
private String login;

@Column(name = "USER_PASSWORD", insertable=true, updatable=true, nullable=false)
private String password;

@Column(name = "USER_ACTIVE", insertable=true, updatable = true, nullable=false)
private Integer active;

@ManyToMany(cascade = CascadeType.DETACH)
@JoinTable(name = "USER_ROLE", joinColumns = @JoinColumn(name = "USER_ID"), inverseJoinColumns = @JoinColumn(name = "ROLE_ID"))
private Set<Role> roles= new HashSet<>();

public User() {
super();
}

public User(String login, String password, Integer active) {
this.login = login;
this.password = password;
this.active = active;
}

public User(Long id, String login) {
this.id = id;
this.login = login;
}

public User(String login) {
this.login = login;
}

public User(UserDTO userDTO) {
this.setId(userDTO.getId());
this.setLogin(userDTO.getLogin());
this.setPassword(userDTO.getPassword());
}

public User(UserRegistrationForm userRegistrationForm) {
```

```
this.setLogin(userRegistrationForm.getLogin());
this.setPassword(userRegistrationForm.getPassword());
}

public User(Long id, String login, String password, Integer active) {
this.id= id;
this.login=login;
this.password = password;
this.active=active;
}

public Long getId() {
return id;
}

@XmlElement
public void setId(Long id) {
this.id = id;
}

public String getLogin() {
return login;
}
@XmlElement
public void setLogin(String login) {
this.login = login;
}

public String getPassword() {
return password;
}

@XmlElement
public void setPassword(String password) {
this.password = password;
}

public Integer getActive() {
return active;
}
@XmlElement
public void setActive(Integer active) {
this.active = active;
}

public Set<Role> getRoles() {
return roles;
}

@XmlElement
public void setRoles(Set<Role> roles) {
this.roles = roles;
}
```

```
@Override
public String toString() {
return "User [id=" + id + ", login=" + login + ", password=XXXXXXX, active=" + active + ", roles="
+ roles + "]";
}
@Override
public int hashCode() {
final int prime = 31;
int result = 1;
result = prime * result + ((active == null) ? 0 : active.hashCode());
result = prime * result + ((id == null) ? 0 : id.hashCode());
result = prime * result + ((login == null) ? 0 : login.hashCode());
result = prime * result + ((password == null) ? 0 : password.hashCode());
result = prime * result + ((roles == null) ? 0 : roles.hashCode());
return result;
}
@Override
public boolean equals(Object obj) {
if (this == obj)
return true;
if (obj == null)
return false;
if (getClass() != obj.getClass())
return false;
User other = (User) obj;
if (active == null) {
if (other.active != null)
return false;
} else if (!active.equals(other.active))
return false;
if (id == null) {
if (other.id != null)
return false;
} else if (!id.equals(other.id))
return false;
if (login == null) {
if (other.login != null)
return false;
} else if (!login.equals(other.login))
return false;
if (password == null) {
if (other.password != null)
return false;
} else if (!password.equals(other.password))
return false;
if (roles == null) {
if (other.roles != null)
return false;
} else if (!roles.equals(other.roles))
```

```
return false;
return true;
}
}
```

Création de l'entité Role

```

package com.bnguimgo.springbootrestserver.model;
import java.io.Serializable;

import javax.persistence.*;
import javax.xml.bind.annotation.XmlElement;
import javax.xml.bind.annotation.XmlRootElement;

@Entity
@Table(name = "ROLE")
@XmlRootElement(name = "role")
public class Role implements Serializable{

private static final long serialVersionUID = 2284252532274015507L;

@Id
@GeneratedValue(strategy = GenerationType.IDENTITY)
@Column(name = "ROLE_ID", updatable = false, nullable = false)
private int id;

@Column(name="ROLE_NAME", updatable = true, nullable = false)
private String roleName;

public Role(){
super();
}
public Role(String roleName){
super();
this.roleName = roleName;
}
public int getId() {
return id;
}
@XmlElement
public void setId(int id) {
this.id = id;
}
public String getRoleName() {
return roleName;
}
@XmlElement
public void setRoleName(String roleName) {
this.roleName = roleName;
}
```

```
@Override
public String toString() {
return "Role [id=" + id + ", role=" + roleName + "]";
}
@Override
public int hashCode() {
final int prime = 31;
int result = 1;
result = prime * result + id;
result = prime * result + ((roleName == null) ? 0 : roleName.hashCode());
return result;
}
@Override
public boolean equals(Object obj) {
if (this == obj)
return true;
if (obj == null)
return false;
if (getClass() != obj.getClass())
return false;
Role other = (Role) obj;
if (id != other.id)
return false;
if (roleName == null) {
if (other.roleName != null)
return false;
} else if (!roleName.equals(other.roleName))
return false;
return true;
}

public int compareTo(Role role){
return this.roleName.compareTo(role.getRoleName());

}
}
```

Création d'un **UserDTO** pour stocker les données utilisateurs qui transitent sur le réseau ou entre les couches de l'application. Pour une bonne organisation du code, il faut créer cet objet dans un nouveau package nommé dto.

UserDTO

```

package com.bnguimgo.springbootrestserver.dto;
import java.io.Serializable;

public class UserDTO implements Serializable{

private static final long serialVersionUID = -4435899416654038901L;

private Long id;
```

```

private String login;
private String password;
private String userType;

public UserDTO() {
}

public UserDTO(String login, String password) {
this.login = login;
this.password = password;
}

public UserDTO(String login, String password, String userType) {
this.login = login;
this.password = password;
this.userType = userType;
}

public UserDTO(Long id, String login) {
this.id = id;
this.login = login;
}

public UserDTO(Long id, String login, String password, String userType) {
this.id = id;
this.login = login;
this.password = password;
this.userType = userType;
}

public Long getId() {
return id;
}

public void setId(Long id) {
this.id = id;
}

public String getLogin() {
return login;
}

public void setLogin(String login) {
this.login = login;
}

public String getPassword() {
return password;
}

public void setPassword(String password) {
this.password = password;
```

```java
}

public String getUserType() {
return userType;
}

public void setUserType(String userType) {
this.userType = userType;
}

@Override
public String toString() {
return String.format("[id=%s, mail=%s, userType=%s]", id, login, userType);
}

}
```

L'annotation **@Entity** permet d'indiquer que cette classe sera une table de la base de données et l'annotation **@Table (name = "UTILISATEUR")** permet de donner le nom UTILISATEUR à la table. Grâce à ces annotations, on n'a plus besoin du fichier de configuration **persistence.xml**.

INFO : *Il faut éviter de nommer ou de créer une table avec pour nom **USER**, car dans la plupart des bases de données, il y a déjà une table utilisateur nommée USER.*

L'annotation **@XmlRootElement(name = "user")** permettra de construire un objet XML lors des tests de communications entre le client et le serveur. Voici **un exemple d'objet XML** qu'on pourra utiliser lors des tests pour créer un utilisateur :

Exemple d'objet XML à envoyer au serveur

```xml

<user>
<email>admin4@admin4.com</email>
<password>admin4</password>
<active>1</active>
<roles>
<role>
<roleName>ROLE_ADMIN</roleName>
</role>
<role>
<roleName>ROLE_USER</roleName>
</role>
```

13. </roles>
14. </user>

Une personne peut à la fois avoir le rôle administrateur et le rôle utilisateur. Plusieurs utilisateurs peuvent avoir le même rôle. On peut par exemple avoir plusieurs administrateurs : c'est ce qui explique l'existence de la relation **ManyToMany**. Au niveau de la base de données, cela donne naissance à une table de jointure que je vais nommer :
USER_ROLE, à ne pas confondre avec la table **ROLE** qui stocke tous les rôles. On a ainsi terminé le model.

II-5-2 Création de la base de données

Dans cette section, on va **initialiser la base de données par des scripts** et se connecter dessus sans faire aucune déclaration ni aucune configuration de la **datasource**. *C'est un des avantages de Spring Boot.*

Il faut remarquer que jusqu'à présent, il n'y a eu aucune configuration concernant **Hibernate** pour le mapping objet relationnel. Le simple fait d'avoir déclaré une base de données **H2** dans le **pom.xml** fait que Spring Boot configure **HibernateEntityManager** pour nous. Grâce aux annotations appliquées sur chaque objet model, Hibernate va transformer chaque entité ou association en une table et créer dans la foulée la base de données.

Voici le script de l'initialisation de la base de données nommée **data.sql**. Ce script doit être déposé dans le répertoire de gestion des ressources **src/main/resources**. Spring Boot va automatiquement l'utiliser pour initialiser la base de données au démarrage de l'application, pas besoin de déclarer une datasource.

Script d'initialisation de la base de données data.sql

```sql

--INITIALISATION TABLE ROLE
INSERT INTO ROLE(ROLE_ID,ROLE_NAME) VALUES (1,'ROLE_ADMIN');
INSERT INTO ROLE(ROLE_ID,ROLE_NAME) VALUES (2,'ROLE_USER');

--INITIALISATION TABLE UTILISATEURS
INSERT INTO UTILISATEUR(USER_ID, LOGIN, USER_PASSWORD, USER_ACTIVE) values (1, 'admin', 'admin', 1);
INSERT INTO UTILISATEUR(USER_ID, LOGIN, USER_PASSWORD, USER_ACTIVE) values (2, 'user', 'user', 1);
INSERT INTO UTILISATEUR(USER_ID, LOGIN, USER_PASSWORD, USER_ACTIVE) values (3, 'user1', 'user1', 0);--inactif user

-- TABLE DE JOINTURE
INSERT INTO USER_ROLE(USER_ID,ROLE_ID) VALUES (1,1);
INSERT INTO USER_ROLE(USER_ID,ROLE_ID) VALUES (1,2);
INSERT INTO USER_ROLE(USER_ID,ROLE_ID) VALUES (2,2);
INSERT INTO USER_ROLE(USER_ID,ROLE_ID) VALUES (3,2);

COMMIT;
```

Notez bien la table d'association (**USER_ROLE**) qui fait le lien **ManyToMany** décrit plus haut.

II-5-3 Création de la couche d'accès aux données

INFO : *Le développement de la couche DAO et même de la couche de services ne concerne pas spécifiquement les services REST. La partie spécifique aux services REST est mise en place au niveau des contrôleurs que nous allons voir plus loin.*

La dépendance **spring-boot-starter-data-jpa** que nous avions ajoutée dans le pom.xml permet d'utiliser **SpringData** qui est une implémentation de JPA (Java Persistence Api). SpringData implémente toutes méthodes du CRUD (**Create, Read, Update, Delete**) quand on hérite de JpaRepository ou de CrudRepository.

Interface UserRepository (à créer dans un nouveau package nommé dao) :

```
package com.bnguimgo.springboot.rest.server.dao;

import org.springframework.data.jpa.repository.JpaRepository;

import com.bnguimgo.springboot.rest.server.entities.User;

public interface UserRepository extends JpaRepository<User, Long> {

User findByLogin(String login);

}
```

On peut ajouter dans l'interface des méthodes qui ne font pas partie du CRUD. C'est le cas de la méthode ***findByLogin(String login)***

Remarque *: pas besoin d'implémenter les méthodes **createUser(User user), deleteUser(Long id), etc**. À l'exécution, SpringData va créer automatiquement une implémentation de cette interface, et par conséquent, pas besoin d'une classe d'implémentation nommée **UserRepositoryImpl***

Interface Role

```
package com.bnguimgo.springbootrestserver.dao;
import java.util.stream.Stream;

import org.springframework.data.jpa.repository.JpaRepository;
import org.springframework.data.jpa.repository.Query;

import com.bnguimgo.springbootrestserver.model.Role;

public interface RoleRepository extends JpaRepository<Role, Long> {

Role findByRoleName(String roleName);

@Query("select role from Role role")

Stream<Role> getAllRolesStream();// Java8 Stream : on place la liste des rôles dans un Stream
}
```

II-5-4 Création de la couche de services

Interface UserService créée dans un nouveau package nommé service

```

package com.bnguimgo.springbootrestserver.service;
import java.util.Collection;

import com.bnguimgo.springbootrestserver.model.User;

public interface UserService {

Collection<User> getAllUsers();

User getUserById(Long id);

User findByLogin(String login);

User saveOrUpdateUser(User user);

void deleteUser(Long id);

}
```

Ajoutez l'interface RoleService dans le même package

```

package com.bnguimgo.springbootrestserver.service;
import java.util.Collection;
import java.util.stream.Stream;

import com.bnguimgo.springbootrestserver.model.Role;

public interface RoleService {

Role findByRoleName(String roleName);

Collection<Role> getAllRoles();

Stream<Role> getAllRolesStream();
}
```

Les deux méthodes ***getAllRoles()*** et ***getAllRolesStream()*** font la même chose. Je veux juste montrer à travers ces deux méthodes comment Java8 permet d'implémenter différemment les collections.

Implémentation des services :

Le mot de passe utilisateur sera encrypté afin d'éviter de le stocker en clair dans la base de données. Pour le faire, je vais utiliser la dépendance **spring-boot-starter-security** que je vous invite à ajouter dans pom.xml.

Ajout de la dépendance spring-boot-starter-security

```
<dependency>
<groupId>org.springframework.boot</groupId>
<artifactId>spring-boot-starter-security</artifactId>
</dependency>
```

Pour utiliser les Collections Apache, il faut ajouter la dépendance ci-dessous :
Ajout de la dépendance apache commons-collections4

```
<dependency>
<groupId>org.apache.commons</groupId>
<artifactId>commons-collections4</artifactId>
<version>4.0</version>
</dependency>
```

Il faut créer aussi une classe de configuration des beans nommée **BeanConfiguration** qui va permettre de déclarer des beans. Par exemple le bean **BCryptPasswordEncoder**, ce qui permettra à spring de créer une instance de cet objet pour nous. Je vais ensuite utiliser cet objet pour hacher les mots de passe lors de la persistance d'un objet.

Création de la classe BeanConfiguration dans un nouveau package component

```

package com.bnguimgo.springbootrestserver.component;
import org.springframework.context.annotation.Bean;
import org.springframework.context.annotation.Configuration;
import org.springframework.security.crypto.bcrypt.BCryptPasswordEncoder;
import org.springframework.web.servlet.config.annotation.WebMvcConfigurerAdapter;

@Configuration
public class BeanConfiguration extends WebMvcConfigurerAdapter {

@Bean
```

```
public BCryptPasswordEncoder passwordEncoder() {
BCryptPasswordEncoder bCryptPasswordEncoder = new BCryptPasswordEncoder();
return bCryptPasswordEncoder;
}

}
```

L'annotation **@Configuration** indique à Spring que cette classe est une source de configuration des beans. Dans cette classe, j'ai déclaré un seul bean avec l'annotation @Bean. On pourra ainsi créer une instance de **BCryptPasswordEncoder** en appliquant l'annotation **@Autowired** de Spring partout où on en a besoin.

Implémentation de l'interface UserService avec encryptage du mot de passe utilisateur

```

package com.bnguimgo.springbootrestserver.service;
import java.util.Collection;

import org.apache.commons.collections4.IteratorUtils;
import org.springframework.beans.factory.annotation.Autowired;
import org.springframework.security.crypto.bcrypt.BCryptPasswordEncoder;
import org.springframework.stereotype.Service;

import com.bnguimgo.springbootrestserver.dao.UserRepository;
import com.bnguimgo.springbootrestserver.model.User;

@Service(value = "userService")// l'annotation @Service est optionnelle ici, car il n'existe
qu'une seule implémentation public class UserServiceImpl implements UserService {

@Autowired
private UserRepository userRepository;

@Autowired
private BCryptPasswordEncoder bCryptPasswordEncoder;

@Override
public User findByLogin(String login) {
return userRepository.findByLogin(login);
}

@Override
public Collection<User> getAllUsers() {
return IteratorUtils.toList(userRepository.findAll().iterator());
}

@Override
public User getUserById(Long id) {
```

```
return userRepository.findOne(id);
}

@Override
@Transactional(readOnly=false)
public User saveOrUpdateUser(User user) {
user.setPassword(bCryptPasswordEncoder.encode(user.getPassword()));
return userRepository.save(user);
}

@Override
@Transactional(readOnly=false)
public void deleteUser(Long id) {
userRepository.delete(id);

}

}
```

L'annotation ***@Service(value = "userService")*** permet de déclarer cette classe comme un bean de service.

Il faut noter également l'injection des dépendances par l'annotation **@Autowired** de deux instances d'objets (**userRepository, bCryptPasswordEncoder**) créées par Spring.

L'objet userRepository permet d'avoir accès aux services de la couche **DAO** (services fournis par l'implémentation Spring de JpaRepository). L'objet **bCryptPasswordEncoder** permet de hacher les mots de passe pour ne pas les stocker de manière visible au niveau de la base de données.

Implémentation de l'interface RoleService pour gérer les rôles utilisateur

```

package com.bnguimgo.springbootrestserver.service;
import java.util.Collection;
import java.util.stream.Stream;

import org.apache.commons.collections4.IteratorUtils;
import org.springframework.beans.factory.annotation.Autowired;
import org.springframework.stereotype.Service;

import com.bnguimgo.springbootrestserver.dao.RoleRepository;
import com.bnguimgo.springbootrestserver.model.Role;


```

```
@Service(value = "roleService")
public class RoleServiceImpl implements RoleService {

@Autowired
private RoleRepository roleRepository;

@Override
public Collection<Role> getAllRoles() { //Avant JAVA8
return IteratorUtils.toList(roleRepository.findAll().iterator());
}

@Override
public Stream<Role> getAllRolesStream() {//JAVA8
return roleRepository.getAllRolesStream();
}

@Override
public Role findByRoleName(String roleName) {
return roleRepository.findByRoleName(roleName);
}
}
```

Notez bien l'implémentation différente des deux méthodes qui renvoient les **collections** avec ***getAllRoles()*** et le **Stream** avec ***getAllRolesStream()***.

II-5-5 Création du contrôleur (ou du service REST)

Il s'agit de développer dans cette partie la couche de contrôle. C'est cette couche qui intercepte et filtre toutes les requêtes utilisateurs. Chaque contrôleur dispose d'un service pour traiter les requêtes: c'est le service REST.

Il faut créer la **classe utilitaire CrossDomainFilter** qui aura pour objectif de pallier aux problèmes de Cross-Domain. En fait, comme le client et le serveur peuvent être hébergés sur deux serveurs distants, il faut penser aux problèmes réseaux qui peuvent entraver la communication. Il faut indiquer au serveur quels sont les types d'entêtes HTTP à prendre en considération.

Classe utilitaire nommée CrossDomainFilter à ajouter dans le package component

```

package com.bnguimgo.springbootrestserver.component;
import org.springframework.stereotype.Component;
import org.springframework.web.filter.OncePerRequestFilter;

import javax.servlet.FilterChain;
import javax.servlet.ServletException;
import javax.servlet.http.HttpServletRequest;
import javax.servlet.http.HttpServletResponse;
import java.io.IOException;

@Component
public class CrossDomainFilter extends OncePerRequestFilter {
@Override
protected void doFilterInternal(HttpServletRequest httpServletRequest,
HttpServletResponse httpServletResponse, FilterChain filterChain)
throws ServletException, IOException {
httpServletResponse.addHeader("Access-Control-Allow-
Origin", "*"); //toutes les URI sont autorisées
httpServletResponse.addHeader("Access-Control-Allow-
Methods", "GET, POST, PUT, DELETE, OPTIONS");
httpServletResponse.addHeader("Access-Control-Allow-Headers", "origin, contenttype,
accept, x-req");
filterChain.doFilter(httpServletRequest, httpServletResponse);
}
}
```

INFO *: Grâce à l'annotation* ***@Component****, Spring va considérer cette classe comme un composant et pourra utiliser le filtre sans problème.*

Une dernière configuration concerne les fichiers application.properties. J'ai mis à disposition trois fichiers de configuration :

– un fichier **application-dev.properties** à utiliser en phase de développement ;

– un fichier **application-prod.properties** à utiliser en phase de production ;

– un fichier **application.properties** pour initier toutes les configurations de base.

***INFO** : En ajoutant par exemple **spring.profiles.active=dev** dans application.properties, Spring Boot sait que c'est le profil **dev** qui est activé et ce sont les fichiers de configuration **application-dev. properties** et **application.properties** qui seront chargés. Je vous invite à regarder la configuration de chaque fichier ci-dessous.*

***INFO** : Pour désactiver la demande récurrente du mot de passe généré par Spring security en phase de développement, il faut ajouter cette déclaration **security.basic.enabled=false** dans le fichier application.properties.*

Voici le contenu de chacun de ces trois fichiers:

Le fichier **application.properties** est le fichier de configuration principale

application.properties

```

#spring.profiles.active=dev
spring.profiles.active=prod
security.basic.enabled=false

spring.h2.console.enabled=true
spring.h2.console.path=/console
```

On constate bien que c'est le profil de production (**prod**) qui est activé, ce qui veut dire que c'est le fichier de propriétés **application-prod.properties** qui sera chargé.

application-prod.properties

```

#Charge les proprietes de la production
nextpage.message=Salut Vous etes en production
error.no.user.id = Aucun utilisateur avec l'identifiant:
error.no.resource = Not found
technical.error = Erreur technique !!!

-Dmaven.test.skip=true

################# BASE DE DONNEES ##############################
```

```
logging.level.org.hibernate.SQL=error
# Supprime et re-crée les tables et sequences existantes , charge le script d'initialisation de la base de données data.sql
spring.jpa.hibernate.ddl-auto=create-drop

################ GESTION DES LOGS ############################
logging.level.org.springframework.web=DEBUG
logging.level.com.bnguimgo.springboot.rest.server=DEBUG
#
# Pattern impression des logs console
logging.pattern.console= %d{yyyy-MM-dd HH:mm:ss} - %msg%n

# Pattern impression des logs dans un fichier
logging.pattern.file= %d{yyyy-MM-dd HH:mm:ss} [%thread] %-5level %logger{36} - %msg%n
# Redirection des logs vers un fichier du repertoire Temp, exemple sur windows: C:\Users\UnserName\AppData\Local\Temp\
logging.file=${java.io.tmpdir}/logs/restServer/applicationRestServer.log
```

Vous pouvez modifier le paramétrage de ce fichier à votre souhait pour, par exemple, mieux gérer les logs. On remarque qu'avec le profil de production, les tests sont désactivés par le paramétrage : **-Dmaven.test.skip=true**

application-dev.properties

```

#Chargement des propriétés ci-dessous au démarrage de l'application
nextpage.message=Salut vous etes en profile dev sur Rest Server

################ Configuration des Logs ####################
logging.level.root= WARN
logging.level.org.springframework.security= DEBUG
logging.level.org.springframework.web= ERROR
logging.level.org.apache.commons.dbcp2= DEBUG

# Pattern impression des logs console
logging.pattern.console= %d{yyyy-MM-dd HH:mm:ss} - %msg%n

# Pattern impression des logs dans un fichier
logging.pattern.file= %d{yyyy-MM-dd HH:mm:ss} [%thread] %-5level %logger{36} - %msg%n
# Redirection des logs vers un fichier du repertoire Temp, exemple sur windows: C:\Users\UnserName\AppData\Local\Temp\
logging.file=${java.io.tmpdir}/logs/rest/applicationRestServer.log

################ BASE DE DONNEES ############################
```

```
logging.level.org.hibernate.SQL=debug
# Supprime et recrée les tables et séquences existantes, exécute le script data.sql qui initialise la base de données
spring.jpa.hibernate.ddl-auto=create-drop
```

Il faut noter que jusqu'à présent, nous n'avons développé aucune page JSP, et par conséquent il n'y a rien à mettre dans le dossier webapp, ce qui est normal, car dans cette partie, nous voulons juste exposer des services. **La création d'un service REST se passe globalement dans les contrôleurs** comme nous allons le voir à travers les implémentations ci-dessous.

II-5-5-1 Création d'un contrôleur par défaut

Il a déjà décrit dans la section **II-4** un petit service qui permettait de tester la configuration de l'environnement. Je vous propose de renommer cette classe (**RestServices**) en **DefaultController** et de la déplacer dans un nouveau package appelé **controller**. Je vous remets le résultat ici :

Contrôleur par défaut DefaultController

```

package com.bnguimgo.springbootrestserver.controller;
import org.slf4j.Logger;
import org.slf4j.LoggerFactory;
import org.springframework.http.HttpStatus;
import org.springframework.http.ResponseEntity;
import org.springframework.stereotype.Controller;
import org.springframework.web.bind.annotation.GetMapping;
@Controller
public class DefaultController {
private static final Logger logger = LoggerFactory.getLogger(DefaultController.class);
@GetMapping(value = "/")
public ResponseEntity<String> pong() {
logger.info("Démarrage des services OK .....");
return new ResponseEntity<String>("Réponse du serveur: "+HttpStatus.OK.name(), HttpStatus.OK);
}
}
```

La classe **DefaultController** est juste un contrôleur utilitaire qui va nous renseigner automatiquement dès le démarrage du client **si le serveur REST est à l'écoute** grâce à la réponse renvoyée par **HttpStatus**. Si le serveur est actif, le message de réponse sera:

Réponse du serveur: OK, avec le code de réponse **HTTP = 200**. Sinon, une page d'erreur sera affichée.

L'utilisation de la classe **ResponseEntity** de Spring permet de prendre en compte la gestion des **statuts HTTP** de réponses. On peut toutefois utiliser la classe **ResponseBody** pour traiter les réponses si on n'a pas besoin d'exploiter les codes de réponses HTTP. Dans notre cas, je préfère ResponseEntity. On peut donc dire que **ResponseEntity = ResponseBody + HttpStatus**.

Le service est désormais prêt et vous pouvez le tester. Pour tester l'application après l'avoir déployée sous **Tomcat**, voici l'URL de test : **http://localhost:8080/springboot-restserver/**.

On obtient le même résultat que lors du premier test de la configuration vu précédemment dans la section **II-4**. N'hésitez pas à regarder de temps en temps les **logs** dans la console. Dans la classe *UserController* ci-dessous, je vais développer les services de **lecture, de création, de mise à jour et de suppression** d'un utilisateur.

II-5-5-2 Service REST d'extraction de tous les utilisateurs

Service d'extraction de tous les utilisateurs dans UserController

```

package com.bnguimgo.springbootrestserver.controller;

import java.util.Collection;
import java.util.HashSet;
import java.util.Set;
import java.util.stream.Collectors;
import java.util.stream.Stream;

import org.slf4j.Logger;
import org.slf4j.LoggerFactory;
import org.springframework.beans.factory.annotation.Autowired;
import org.springframework.http.HttpStatus;
import org.springframework.http.ResponseEntity;
import org.springframework.stereotype.Controller;
import org.springframework.transaction.annotation.Transactional;
import org.springframework.web.bind.annotation.DeleteMapping;
```

```
import org.springframework.web.bind.annotation.GetMapping;
import org.springframework.web.bind.annotation.PathVariable;
import org.springframework.web.bind.annotation.PostMapping;
import org.springframework.web.bind.annotation.PutMapping;
import org.springframework.web.bind.annotation.RequestBody;
import org.springframework.web.bind.annotation.RequestMapping;

import com.bnguimgo.springbootrestserver.model.Role;
import com.bnguimgo.springbootrestserver.model.User;
import com.bnguimgo.springbootrestserver.service.RoleService;
import com.bnguimgo.springbootrestserver.service.UserService;

@Controller
@CrossOrigin(origins = "http://localhost:8080", maxAge = 3600)
@RequestMapping("/user/*")
public class UserController {

private static final Logger logger = LoggerFactory.getLogger(UserController.class);

@Autowired
private UserService userService;
@Autowired
private RoleService roleService;

@GetMapping(value = "/users")
public ResponseEntity<Collection<User>> getAllUsers() {
Collection<User> users = userService.getAllUsers();
logger.info("liste des utilisateurs : " + users.toString());
return new ResponseEntity<Collection<User>>(users, HttpStatus.FOUND);
}
}
```

L'annotation **@CrossOrigin(origins="http://localhost:8080",maxAge= 3600)** permet de favoriser une communication distante entre le client et le serveur, c'est-à-dire lorsque le client et le serveur sont déployés dans deux serveurs distincts, ce qui permet d'éviter des problèmes réseau.

Compiler et déployer l'application dans Tomcat-8. Vous pouvez utiliser n'importe quel client REST pour faire les tests. J'utilise **RESTClient** ou **Boomerang**. Voici l'URI qui ramène tous les utilisateurs : **http://localhost:8080/springbootrestserver/user/users**

Résultat de la requête HTTP GET


```
[{
"id": 1,
"login": "admin",
"password": "admin",
"active": 1,
"roles": [{
"id": 2,
"roleName": "ROLE_USER"
}, {
"id": 1,
"roleName": "ROLE_ADMIN"
}]
}, {
"id": 2,
"login": "user2",
"password": "user2",
"active": 1,
"roles": [{
"id": 2,
"roleName": "ROLE_USER"
}]
}, {
"id": 3,
"login": "user3",
"password": "user3",
"active": 0,
"roles": [{
"id": 2,
"roleName": "ROLE_USER"
}]
}]
```


II-5-5-3 Service création d'un utilisateur

Service de création d'un utilisateur à ajouter dans la classe UserController

```
@PostMapping(value = "/users")
@Transactional
public ResponseEntity<User> saveUser(@RequestBody User user) {
Set<Role> roles= new HashSet<>();
Role roleUser = new Role("ROLE_USER");//initialisation du rôle ROLE_USER
roles.add(roleUser);
user.setRoles(roles);
user.setActive(0);
```

```
Set<Role> roleFromDB = extractRole_Java8(user.getRoles(), roleService.getAllRolesStream());
user.getRoles().removeAll(user.getRoles());
user.setRoles(roleFromDB);
User userSave = userService.saveOrUpdateUser(user);
logger.info("userSave : " + userSave.toString());
return new ResponseEntity<User>(user, HttpStatus.CREATED);
}
```

Et voici quelques méthodes utilitaires pour compléter l'extraction

```
private Set<Role> extractRole_Java8(Set<Role> rolesSetFromUser, Stream<Role> roleStreamFromDB) {
// Collect UI role names
Set<String> uiRoleNames = rolesSetFromUser.stream()
.map(Role::getRoleName)
.collect(Collectors.toCollection(HashSet::new));
// Filter DB roles
return roleStreamFromDB
.filter(role -> uiRoleNames.contains(role.getRoleName()))
.collect(Collectors.toSet());
}

private Set<Role> extractRoleUsingCompareTo_Java8(Set<Role> rolesSetFromUser, Stream<Role> roleStreamFromDB) {
return roleStreamFromDB
.filter(roleFromDB -> rolesSetFromUser.stream()
.anyMatch( roleFromUser -> roleFromUser.compareTo(roleFromDB) == 0))
.collect(Collectors.toCollection(HashSet::new));
}

private Set<Role> extractRole_BeforeJava8(Set<Role> rolesSetFromUser, Collection<Role> rolesFromDB) {
Set<Role> rolesToAdd = new HashSet<>();
for(Role roleFromUser:rolesSetFromUser){
for(Role roleFromDB:rolesFromDB){
if(roleFromDB.compareTo(roleFromUser)==0){
rolesToAdd.add(roleFromDB);
break;
}
}
}
return rolesToAdd;
}
```

J'ai ajouté quelques méthodes utilitaires en **Java8** et **avant Java8** juste pour mieux montrer la différence dans l'utilisation des Collections entre les versions de Java. Ces trois méthodes font strictement la même chose : récupérer les rôles utilisateurs de la base de données. Car en principe, je ne crée pas de rôles directement, mais je fais une requête dans la base de données pour récupérer le rôle à partir de **roleName** fourni par le **User**.

La méthode ***extractRole_Java8()*** est écrite exclusivement en Java8 et utilise la classe **Stream** et les filtres pour extraire les rôles utilisateurs. La méthode ***extractRoleUsingCompareTo_Java8()*** est pareille que la méthode ci-dessus, mais utilise la méthode de comparaison ***compareTo()*** de la classe Role. La méthode ***extractRole_BeforeJava8()*** est la méthode classique de parcours d'une Collection.

Voici la requête de création d'un utilisateur avec une **requête POST** en utilisant le client REST **Boomerang**. Voici l'URI de création d'un utilisateur : **http://localhost:8080/springboot-restserver/user/users**

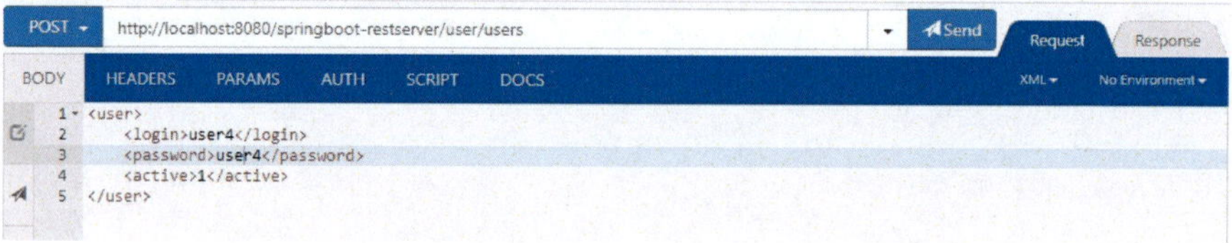

Requête HTTP POST de création d'un utilisateur

Réponse du serveur après création d'un utilisateur :

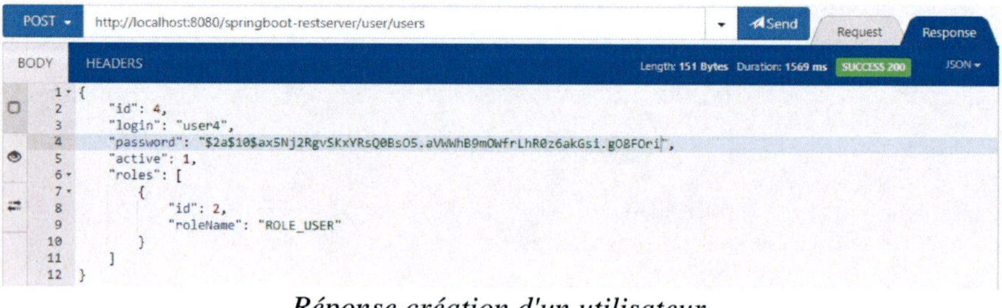

Réponse création d'un utilisateur

INFO : *On constate bien dans la réponse que le mot de passe est crypté comme prévu*

II-5-5-4 Recherche d'un utilisateur par son login

Service de recherche d'un utilisateur par son login

```
1.
2. @GetMapping(value = "/users/{loginName}")
3. public ResponseEntity<User> findUserByLogin(@PathVariable("loginName") String login) {
4. User user = userService.findByLogin(login);
5. logger.debug("Utilisateur trouvé : " + user);
6. return new ResponseEntity<User>(user, HttpStatus.FOUND);
7. }
```

Recherchons par exemple l'utilisateur ayant le login : **user3** (requête **HTTP GET**) **http://localhost:8080/springbootrestserver/user/users/user3**.

On obtient:

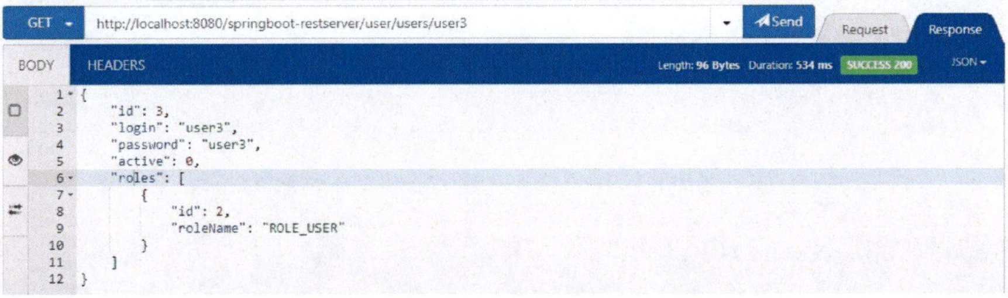

Ecran recherche utilisateur par login

II-5-5-5 Service modification d'un utilisateur

Service qui permet de modifier un utilisateur

```
1.
2. @PutMapping(value = "/users/{id}")
3. public ResponseEntity<User> updateUser(@PathVariable(value = "id") Long id, @RequestBody
User user) {
4.
5. User userToUpdate = userService.getUserById(id);
6. if (userToUpdate == null) {
7. logger.debug("L'utilisateur avec l'identifiant " + id + " n'existe pas");
8. return new ResponseEntity<User>(user,HttpStatus.NOT_FOUND);
9. }
```

```
logger.info("UPDATE ROLE: "+userToUpdate.getRoles().toString());
userToUpdate.setLogin(user.getLogin());
userToUpdate.setPassword(user.getPassword());
userToUpdate.setActive(user.getActive());
User userUpdated = userService.saveOrUpdateUser(userToUpdate);
return new ResponseEntity<User>(userUpdated, HttpStatus.OK);
}
```

On va procéder à la modification de l'utilisateur ci-dessus ayant l'identifiant id=3 en activant par exemple son compte. Son statut passera donc de **0** à **1**. Configurer donc votre client pour envoyer une **requête PUT** comme ci-dessous.

Adresse de la requête : **http://localhost:8080/springboot-restserver/user/users/3**.

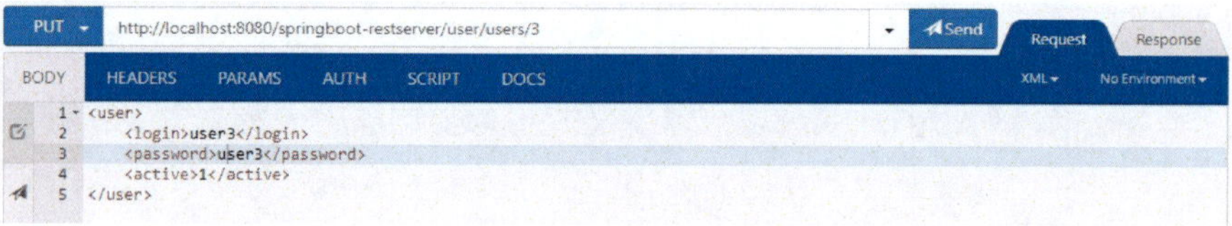

Requête HTTP PUT à envoyer au serveur

Réponse à la requête **HTTP PUT**

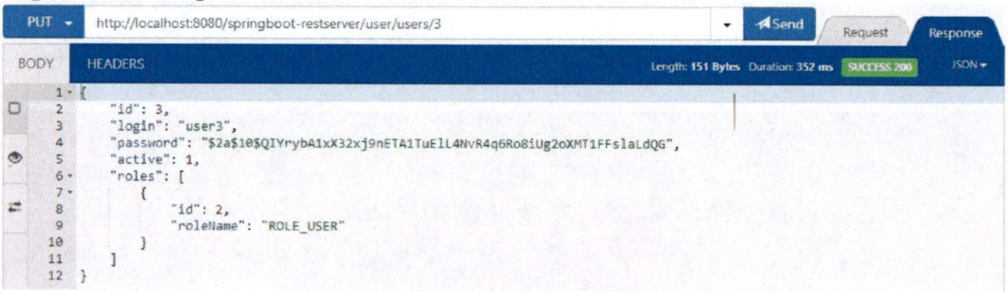

Réponse à la requête HTTP PUT

II-5-5-6 Service suppression d'un utilisateur

Méthode HTTP DELETE de suppression d'un utilisateur

```
@DeleteMapping(value = "/users/{id}")
public ResponseEntity<Void> deleteUser(@PathVariable(value = "id") Long id) {
```

```
4. userService.deleteUser(id);
5. return new ResponseEntity<Void>(HttpStatus.GONE);
6. }
```

Requête de suppression : **http://localhost:8080/springboot-restserver/user/users/3**

II-6 GESTION DES EXCEPTIONS

Dans cette section, on va mettre en place la gestion des exceptions en utilisant l'annotation **@ControllerAdvice**

II-6-1 Pourquoi utiliser l'annotation @ControllerAdvice

L'annotation **@ControllerAdvice** est une spécialisation de l'annotation de **@Component** introduite depuis **Spring-3.2**. Elle permet de gérer de façon plus globale les exceptions dans un service REST. Une classe portant cette annotation est détectée automatiquement par Spring au chargement de l'application. Cette annotation prend en charge trois autres annotations très importantes dont **@ExceptionHandler**, **@InitBinder** et **@ModelAttribute**.

Un contrôleur annoté par @ControllerAdvice utilise l'annotation @ExceptionHandler pour intercepter des exceptions dites globales, quelles que soient leurs origines. @InitBinder permet une initialisation globale et @ModelAttribute permet de créer un objet model global (par exemple : création et initialisation d'une vue ou d'une page de l'application).

Pour mieux comprendre, je vais créer un nouveau package nommé **exception** et une classe GlobalHandlerControllerException de gestion globale des exceptions annotée par @ControllerAdvice, et quelquesunes de ses méthodes annotées par @ExceptionHandler, @InitBinder and @ModelAttribute.

Classe global de gestion des exceptions grâce à l'annotation @ControllerAdvice

```

package com.bnguimgo.springbootrestserver.exception;

import javax.servlet.http.HttpServletRequest;

import org.springframework.http.HttpStatus;
import org.springframework.http.ResponseEntity;
import org.springframework.ui.Model;
import org.springframework.web.bind.WebDataBinder;
import org.springframework.web.bind.annotation.ControllerAdvice;
import org.springframework.web.bind.annotation.ExceptionHandler;
import org.springframework.web.bind.annotation.InitBinder;
import org.springframework.web.bind.annotation.ModelAttribute;
import org.springframework.web.servlet.ModelAndView;
import org.springframework.web.servlet.mvc.method.annotation.ResponseEntityExceptionHandler;

@ControllerAdvice(basePackages = {"com.bnguimgo.springbootrestserver"} )//Spring 3.2 And Above
public class GlobalHandlerControllerException extends ResponseEntityExceptionHandler{

@InitBinder
public void dataBinding(WebDataBinder binder) {
//Vous pouvez initialiser toute autre donnée ici
}


@ModelAttribute //la variable "technicalError" pourra être exploité n'importe où dans l'application
public void globalAttributes(Model model) {
model.addAttribute("technicalError", "Une erreur technique est survenue !");
}

@ExceptionHandler(TechnicalErrorException.class)
public ModelAndView technicalErrorException(Exception exception) {
ModelAndView mav = new ModelAndView();
mav.addObject("exception", exception.getMessage());
mav.setViewName("error");
return mav;
}

@ExceptionHandler(Exception.class)//toutes les autres erreurs non gérées sont interceptées ici
public ResponseEntity<BusinessResourceExceptionResponse> unknowError(HttpServletRequest
req, Exception ex) {
BusinessResourceExceptionResponse response = new BusinessResourceExceptionResponse();
```

```
response.setErrorCode("Technical Error");
response.setErrorMessage(ex.getMessage());
response.setRequestURL(req.getRequestURL().toString());
return new ResponseEntity<BusinessResourceExceptionResponse>(response, HttpStatus.INTERNAL_SERVER_ERROR);
}

@ExceptionHandler(BusinessResourceException.class)
public ResponseEntity<BusinessResourceExceptionResponse> resourceNotFound(HttpServletRequest req, BusinessResourceException ex) {
BusinessResourceExceptionResponse response = new BusinessResourceExceptionResponse();
response.setStatus(ex.getStatus());
response.setErrorCode(ex.getErrorCode());
response.setErrorMessage(ex.getMessage());
response.setRequestURL(req.getRequestURL().toString());
return new ResponseEntity<BusinessResourceExceptionResponse>(response, ex.getStatus());
}

}
```

Comme on peut le constater dans la classe ci-dessus est annotée par @ControllerAdvice. Cette classe est capable d'intercepter et de gérer plusieurs types d'erreurs grâce à l'annotation @ExceptionHandler avec en paramètre le type d'exception. On peut aussi lui passer plusieurs classes d'exceptions pour le même Handler. Il faut aussi noter le passage en paramètre de l'attribut **basePackages** qui permet d'indiquer dans quels packages se trou vent les contrôleurs à prendre en compte par cette classe (ici, tous les contrôleurs du package **com.bnguimgo.springbootrestserver** sont concernés et leurs erreurs seront donc gérées par **GlobalHandlerControllerException**).

Pour les erreurs techniques non spécifiées, on renvoie vers la vue **error.jsp**.

Toutes les exceptions non traitées seront interceptées par la méthode

```

@ExceptionHandler(Exception.class)//toutes les autres erreurs non gérées sont interceptées ici
public ResponseEntity<BusinessResourceExceptionResponse> unknowError(HttpServletRequest req, Exception ex) {
```

```
BusinessResourceExceptionResponse response = new BusinessResourceExceptionResponse();
response.setErrorCode("Technical Error");
response.setErrorMessage(ex.getMessage());
response.setRequestURL(req.getRequestURL().toString());
return new ResponseEntity<BusinessResourceExceptionResponse>(response, HttpStatus.INTERNAL_SERVER_ERROR);
}
```

L'attribut global nommé **technicalError** pourra être utilisé partout dans l'application. J'ai ajouté trois classes utilitaires de gestion des exceptions. Deux classes standards de gestion des exceptions que j'ai nommées **BusinessResourceException** et **TechnicalErrorException**. Et enfin une classe classe POJO nommée **BusinessResourceExceptionResponse** qui correspond à l'objet qui va servir à stocker les messages d'erreurs.

Classe d'exception classique BusinessResourceException

```
package com.bnguimgo.springbootrestserver.exception;
import org.springframework.http.HttpStatus;
public class BusinessResourceException extends RuntimeException {
private static final long serialVersionUID = 1L;
private Long resourceId;
private String errorCode;
private HttpStatus status;
public BusinessResourceException(String message) {
super(message);
}
public BusinessResourceException(Long resourceId, String message) {
super(message);
this.resourceId = resourceId;
}
public BusinessResourceException(Long resourceId, String errorCode, String message) {
super(message);
this.resourceId = resourceId;
this.errorCode = errorCode;
}
public BusinessResourceException(String errorCode, String message) {
super(message);
this.errorCode = errorCode;
}
public BusinessResourceException(String errorCode, String message, HttpStatus status) {
super(message);
this.errorCode = errorCode;
```

```
this.status = status;
}

public Long getResourceId() {
return resourceId;
}

public void setResourceId(Long resourceId) {
this.resourceId = resourceId;
}

public String getErrorCode() {
return errorCode;
}

public void setErrorCode(String errorCode) {
this.errorCode = errorCode;
}

public HttpStatus getStatus() {
return status;
}

public void setStatus(HttpStatus status) {
this.status = status;
}
}
```

Classe de gestion d'erreurs techniques TechnicalErrorException

```

package com.bnguimgo.springbootrestserver.exception;

public class TechnicalErrorException extends RuntimeException {

private static final long serialVersionUID = -811807278404114373L;

private Long id;

public TechnicalErrorException() {
super();
}

public TechnicalErrorException(String message) {
super(message);
}

public TechnicalErrorException(Throwable cause) {
super(cause);
}
```

```
public TechnicalErrorException(String message, Throwable throwable) {
super(message, throwable);
}

public TechnicalErrorException(Long id) {
super(id.toString());
this.id = id;
}

public Long getId() {
return id;
}
public void setId(Long id){
this.id = id;
}
}
```

Classe POJO BusinessResourceExceptionResponse de persistance des messages d'erreurs ExceptionResponse

```
package com.bnguimgo.springbootrestserver.exception;

import org.springframework.http.HttpStatus;

public class BusinessResourceExceptionResponse {

private String errorCode;
private String errorMessage;
private String requestURL;
private HttpStatus status;

public BusinessResourceExceptionResponse() {
}

public String getErrorCode() {
return errorCode;
}

public void setErrorCode(String errorCode) {
this.errorCode = errorCode;
}

public String getErrorMessage() {
return errorMessage;
}

public void setErrorMessage(String errorMessage) {
this.errorMessage = errorMessage;
}
```

```
public void setRequestURL(String url) {
this.requestURL = url;

}
public String getRequestURL(){
return requestURL;
}

public HttpStatus getStatus() {
return status;
}

public void setStatus(HttpStatus status) {
this.status = status;
}
}
```

-

II-6-2 Test des services avec des exceptions

Voici ce que devient l'interface UserService avec les exceptions

```
package com.bnguimgo.springbootrestserver.service;
import java.util.Collection;

import com.bnguimgo.springbootrestserver.exception.BusinessResourceException;
import com.bnguimgo.springbootrestserver.model.User;

public interface UserService {

Collection<User> getAllUsers();

User getUserById(Long id) throws BusinessResourceException;

User findByLogin(String login) throws BusinessResourceException;

User saveOrUpdateUser(User user) throws BusinessResourceException;

void deleteUser(Long id) throws BusinessResourceException;
}
```

Mise à jour de UserServiceImpl avec gestion des exceptions

```
package com.bnguimgo.springbootrestserver.service;
import java.util.Collection;
```

```

import org.apache.commons.collections4.IteratorUtils;
import org.springframework.beans.factory.annotation.Autowired;
import org.springframework.http.HttpStatus;
import org.springframework.security.crypto.bcrypt.BCryptPasswordEncoder;
import org.springframework.stereotype.Service;
import org.springframework.transaction.annotation.Transactional;

import com.bnguimgo.springbootrestserver.dao.UserRepository;
import com.bnguimgo.springbootrestserver.exception.BusinessResourceException;
import com.bnguimgo.springbootrestserver.exception.UserNotFoundException;
import com.bnguimgo.springbootrestserver.model.User;

@Service(value = "userService")
public class UserServiceImpl implements UserService {

@Autowired
private UserRepository userRepository;

@Autowired
private BCryptPasswordEncoder bCryptPasswordEncoder;

@Override
public User findByLogin(String login) throws BusinessResourceException {
User userFound = userRepository.findByLogin(login);
return userFound;
}

@Override
public Collection<User> getAllUsers() {
return IteratorUtils.toList(userRepository.findAll().iterator());
}

@Override
public User getUserById(Long id) throws BusinessResourceException{
return userRepository.findOne(id);
}

@Override
@Transactional(readOnly=false)
public User saveOrUpdateUser(User user) {
try{
user.setPassword(bCryptPasswordEncoder.encode(user.getPassword()));
return userRepository.save(user);
}catch(Exception ex){

throw new BusinessResourceException("Create Or Update User Error", "Erreur de création ou de mise à jour de l'utilisateur: HttpStatus.INTERNAL_SERVER_ERROR);
}
}

@Override
@Transactional(readOnly=false)
```

```
public void deleteUser(Long id) throws UserNotFoundException {
try{
userRepository.delete(id);
}catch(Exception ex){
throw new BusinessResourceException("Delete User Error", "Erreur de suppression de l'utilisateur avec l'identifiant: HttpStatus.INTERNAL_SERVER_ERROR);
}
}
}
```

Pour mettre en évidence l'intérêt de l'annotation de @ControllerAdvice, je vais faire un premier cas de test en cherchant un utilisateur qui n'existe pas et avec l'annotation @ControllerAdvice désactivée (*mettre en commentaire*).

Résultat:

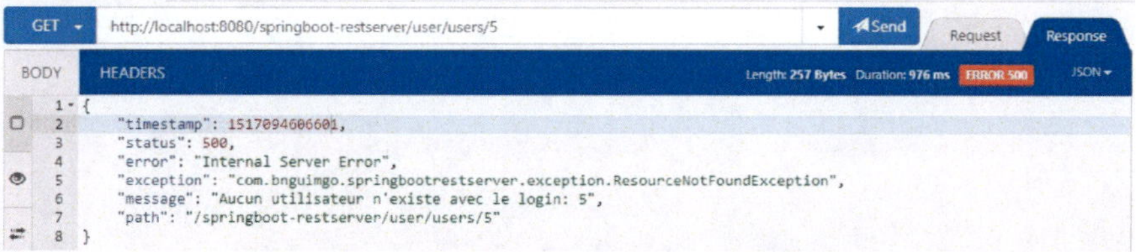

Exception sans l'annotation @ControllerAdvice

On obtient **ERROR 500** et un ensemble d'informations pas très personnalisées.

Et voici l'exception renvoyée lorsque l'annotation **@ControllerAdvice est activée**

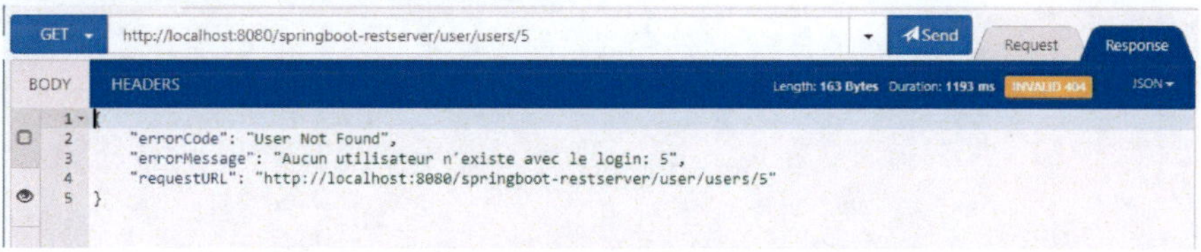

Exception lorsque @ControllerAdvice est activée

On obtient **INVALID 404**, mais avec une suite d'erreurs plus claire et exploitable. Par exemple : **un code d'erreur, le message, et une URL** bien précise et complète.

Chapitre III : Tests unitaires et tests d’intégration

III-1 TESTS UNITAIRES

Chaque couche de l'application peut être testée unitairement. Et comme vous pouvez le constater, chaque couche a une dépendance vis-à-vis de la couche immédiatement inférieure. Dans le cas des tests unitaires, l'idée est de s'affranchir de cette dépendance et de tester unitairement chaque méthode de la couche. C'est ce qui explique le plus souvent l'usage des **Mocks Objects** (*Objets mocks = Objets factices ou objets sans existence réelle*) dans les tests unitaires (ce qui n'est pas le cas dans les tests d'intégration).

Il faut donc trouver quel Mock Object est adapté pour chaque couche de l'application, car ça change en fonction des besoins et des cas de tests.

Mais, avant de commencer avec les tests, j'ai ajouté quelques dépendances nécessaires pour les tests unitaires et les tests d'intégration. Voici les deux dépendances :

Dépendances nécessaires pour les tests

```

<dependency>
<groupId>com.jayway.jsonpath</groupId>
<artifactId>json-path</artifactId>
<scope>test</scope>
</dependency>
<dependency>
<groupId>org.hsqldb</groupId>
<artifactId>hsqldb</artifactId>
```

```
<scope>test</scope>
</dependency>
```

Et voici le pom.xml complet de l'application:

```

<?xml version="1.0" encoding="UTF-8"?>
<project xmlns="http://maven.apache.org/POM/4.0.0" xmlns:xsi="http://www.w3.org/2001/
XMLSchema-instance"
xsi:schemaLocation="http://maven.apache.org/POM/4.0.0 http://maven.apache.org/xsd/
maven-4.0.0.xsd">
<modelVersion>4.0.0</modelVersion>

<groupId>com.bnguimgo</groupId>
<artifactId>springboot-restserver</artifactId>
<version>0.0.1-SNAPSHOT</version>
<packaging>war</packaging>

<name>springboot-restserver</name>
<description>Demo project for Spring Boot</description>

<parent>
<groupId>org.springframework.boot</groupId>
<artifactId>spring-boot-starter-parent</artifactId>
<version>1.5.9.RELEASE</version>
<relativePath/> <!-- lookup parent from repository -->
</parent>

<properties>
<startclass>
com.bnguimgo.restclient.com.bnguimgo.springbootrestserver.SpringbootRestserverApplication</sta
rtclass>
<project.build.sourceEncoding>UTF-8</project.build.sourceEncoding>
<project.reporting.outputEncoding>UTF-8</project.reporting.outputEncoding>
<java.version>1.8</java.version>
<tomcat.version>8.0.41</tomcat.version><!-- This override default embedded Tomcat -->
<maven.test.skip>true</maven.test.skip>
</properties>

<dependencies>
<dependency>
<groupId>org.springframework.boot</groupId>
<artifactId>spring-boot-starter-data-jpa</artifactId>
</dependency>
<dependency>
<groupId>org.springframework.boot</groupId>
<artifactId>spring-boot-starter-web</artifactId>
</dependency>
<!-- Spring Security: juste pour chiffrer le mot de passe -->
<dependency>
<groupId>org.springframework.boot</groupId>
<artifactId>spring-boot-starter-security</artifactId>
```

```
</dependency>
<!-- Permet l'utilisation des collections Apache -->
<dependency>
<groupId>org.apache.commons</groupId>
<artifactId>commons-collections4</artifactId>
<version>4.0</version>
</dependency>
<!-- Base de données utilisée par l'application -->
<dependency>
<groupId>com.h2database</groupId>
<artifactId>h2</artifactId>
<scope>runtime</scope>
</dependency>
<!-- Dépendances pour les tests uniquement -->
<dependency>
<groupId>org.springframework.boot</groupId>
<artifactId>spring-boot-starter-test</artifactId>
</dependency>
<dependency>
<groupId>com.jayway.jsonpath</groupId>
<artifactId>json-path</artifactId>
<scope>test</scope>
</dependency>
<!-- Base de données pour les tests -->
<dependency>
<groupId>org.hsqldb</groupId>
<artifactId>hsqldb</artifactId>
<scope>test</scope>
</dependency>
</dependencies>
<build>
<finalName>springboot-restserver</finalName>
<plugins>
<plugin>
<groupId>org.springframework.boot</groupId>
<artifactId>spring-boot-maven-plugin</artifactId>
</plugin>
</plugins>
</build>
</project>
```

III-1-1 Tests unitaires de la couche DAO

La couche **DAO ou couche d'accès aux données** est la couche la plus basse de l'application et, de ce fait, elle communique le plus souvent avec la base de données. Pour la tester, on ne cherche pas à savoir comment se passe l'extraction des données, mais on vérifie plutôt que la couche DAO est capable de fournir les données dont on a besoin : d'où l'utilisation d'un **Mock Object**. Pour répondre à ce défi, Spring Boot a mis à notre disposition la classe **TestEntityManager** qui est l'équivalent Mock de **JPA EntityManager**.

Voici le service d'accès aux données utilisateur à tester

```
public interface UserRepository extends JpaRepository<User, Long> {
User findByLogin(String login);
}
```

Et ci-dessous l'initialisation des tests

```
@RunWith(SpringRunner.class)//permet d'établir une liaison entre JUnit et Spring
@DataJpaTest
public class UserRepositoryTest {

@Autowired
private TestEntityManager entityManager;

@Autowired
private UserRepository userRepository;

User user = new User("Dupont", "password", 1);
}
```

@RunWith(SpringRunner.class) permet d'établir la liaison l'implémentation Spring de JUnit, donc c'est tout naturel qu'on l'utilise pour un test unitaire.

@DataJpaTest est une implémentation Spring de JPA qui fournit une configuration intégrée de la base de données **H2, Hibernate, SpringData, et la DataSource**. Cette annotation active également la détection des entités annotées par **Entity**, et intègre aussi la gestion des **logs SQL**.

Notre cas de test consiste à **tester** la recherche d'un utilisateur par son **login**. Pour ce faire, on doit préalablement enregistrer un utilisateur dans le **setup**.

Test unitaire de recherche d'un utilisateur par son login

```

package com.bnguimgo.springbootrestserver.dao;

import org.junit.Before;
import org.junit.Test;
import org.junit.runner.RunWith;
import static org.junit.Assert.*;

import java.util.List;

import static org.hamcrest.CoreMatchers.*;
import org.springframework.beans.factory.annotation.Autowired;
import org.springframework.boot.test.autoconfigure.orm.jpa.DataJpaTest;
import org.springframework.boot.test.autoconfigure.orm.jpa.TestEntityManager;
import org.springframework.test.context.junit4.SpringRunner;

import com.bnguimgo.springbootrestserver.model.User;

@RunWith(SpringRunner.class)
@DataJpaTest
public class UserRepositoryTest {

@Autowired
private TestEntityManager entityManager;
@Autowired
private UserRepository userRepository;
User user = new User("Dupont", "password", 1);

@Before
public void setup(){
entityManager.persist(user);//on sauvegarde l'objet user au début de chaque test
entityManager.flush();
}
@Test
public void testFindAllUsers() {
List<User> users = userRepository.findAll();

assertThat(4, is(users.size()));//on a trois users dans le fichier d'initialisation data.sql et un utilisateur ajouté
}

@Test
public void testSaveUser(){
User user = new User("Paul", "password", 1);
User userSaved = userRepository.save(user);
```

```
assertNotNull(userSaved.getId());
assertThat("Paul", is(userSaved.getLogin()));
}
@Test
public void testFindByLogin() {
User userFromDB = userRepository.findByLogin("user2");
//user2 a été créé lors de l'initialisation du fichier data.sql
assertThat("user2", is(userFromDB.getLogin()));
}

@Test
public void testDeleteUser(){
userRepository.delete(user.getId());
User userFromDB = userRepository.findByLogin(user.getLogin());
assertNull(userFromDB);
}

@Test
public void testUpdateUser() {//Test si le compte utilisateur est désactivé
User userToUpdate = userRepository.findByLogin(user.getLogin());
userToUpdate.setActive(0);
userRepository.save(userToUpdate);
User userUpdatedFromDB = userRepository.findByLogin(userToUpdate.getLogin());
assertNotNull(userUpdatedFromDB);
assertThat(0, is(userUpdatedFromDB.getActive()));
}
}
```

@TestEntityManager permet de persister les données en base lors des tests. Toutes les méthodes ont été testées.

INFO : *Le framework **hamcrest** (fourni par Spring Boot) apporte plus de flexibilité pour l'utilisation de la méthode de test **assertThat()**.*

III-1-2 Tests unitaires couche de services

La couche de service a une dépendance directe avec la couche DAO. Cependant, on n'a pas besoin de savoir comment se passe la persistance au niveau de la couche DAO. Le plus important c'est que cette couche renvoie les données sollicitées. On va donc moquer cette couche en utilisant le **framework Mockito**

Voici le service à tester sans le Mock:

```
package com.bnguimgo.springbootrestserver.service;
import java.util.Collection;
import org.apache.commons.collections4.IteratorUtils;
import org.springframework.beans.factory.annotation.Autowired;
import org.springframework.http.HttpStatus;
import org.springframework.security.crypto.bcrypt.BCryptPasswordEncoder;
import org.springframework.stereotype.Service;
import org.springframework.transaction.annotation.Transactional;
import com.bnguimgo.springbootrestserver.dao.UserRepository;
import com.bnguimgo.springbootrestserver.exception.BusinessResourceException;
import com.bnguimgo.springbootrestserver.exception.UserNotFoundException;
import com.bnguimgo.springbootrestserver.model.User;
@Service(value = "userService")
public class UserServiceImpl implements UserService {
@Autowired
private UserRepository userRepository;
@Autowired
private BCryptPasswordEncoder bCryptPasswordEncoder;
@Override
public User findByLogin(String login) throws BusinessResourceException {
User userFound = userRepository.findByLogin(login);
return userFound;
}
@Override
public Collection<User> getAllUsers() {
return IteratorUtils.toList(userRepository.findAll().iterator());
}
@Override
public User getUserById(Long id) throws BusinessResourceException{
return userRepository.findOne(id);
}
@Override
@Transactional(readOnly=false)
public User saveOrUpdateUser(User user) {
try{
user.setPassword(bCryptPasswordEncoder.encode(user.getPassword()));
return userRepository.save(user);
}catch(Exception ex){
```

```
throw new BusinessResourceException("Create Or Update User Error", "Erreur de création ou de mise à jour de l'utilisateur: HttpStatus.INTERNAL_SERVER_ERROR);
}
}

@Override
@Transactional(readOnly=false)
public void deleteUser(Long id) throws UserNotFoundException {
try{
userRepository.delete(id);
}catch(Exception ex){
throw new BusinessResourceException("Delete User Error", "Erreur de suppression de l'utilisateur avec l'identifiant: HttpStatus.INTERNAL_SERVER_ERROR);
}
}
}
```

INFO : *Afin éviter d'avoir des problèmes de configuration des tests, il faut créer exactement les mêmes packages dans src/test/java. Par exemple, pour tester le service UserService, créer le package :* ***com.bnguimgo.springbootrestserver.service***

Voici la classe de test correspondante: recherche d'un utilisateur par son login

```

package com.bnguimgo.springbootrestserver.service;

import static org.hamcrest.CoreMatchers.is;
import static org.junit.Assert.assertEquals;
import static org.junit.Assert.assertNotNull;
import static org.junit.Assert.assertThat;
import static org.mockito.Matchers.any;
import static org.mockito.Mockito.verify;

import java.util.Arrays;
import java.util.Collection;
import java.util.HashSet;
import java.util.List;
import java.util.Set;

import org.junit.Test;
import org.junit.runner.RunWith;
import org.mockito.Mockito;
import org.springframework.beans.factory.annotation.Autowired;
import org.springframework.boot.test.context.TestConfiguration;
import org.springframework.boot.test.mock.mockito.MockBean;
import org.springframework.context.annotation.Bean;
```

```
import org.springframework.security.crypto.bcrypt.BCryptPasswordEncoder;
import org.springframework.test.context.junit4.SpringRunner;

import com.bnguimgo.springbootrestserver.dao.UserRepository;
import com.bnguimgo.springbootrestserver.model.Role;
import com.bnguimgo.springbootrestserver.model.User;

@RunWith(SpringRunner.class)
public class UserServiceImplTest {

@TestConfiguration //création des beans nécessaires pour les tests
static class UserServiceImplTestContextConfiguration {

@Bean//bean de service
public UserService userService () {
return new UserServiceImpl();
}

@Bean//nécessaire pour hacher le mot de passe sinon échec des tests
public BCryptPasswordEncoder passwordEncoder() {
BCryptPasswordEncoder bCryptPasswordEncoder = new BCryptPasswordEncoder();
return bCryptPasswordEncoder;
}
}

@Autowired
private UserService userService;

@MockBean //création d'un mockBean pour UserRepository
private UserRepository userRepository;

User user = new User("Dupont", "password", 1);

@Test
public void testFindAllUsers() throws Exception {
User user = new User("Dupont", "password", 1);
Role role = new Role("USER_ROLE");//initialisation du role utilisateur
Set<Role> roles = new HashSet<>();
roles.add(role);
user.setRoles(roles);
List<User> allUsers = Arrays.asList(user);
Mockito.when(userRepository.findAll()).thenReturn(allUsers);
Collection<User> users = userService.getAllUsers();
assertNotNull(users);
assertEquals(users, allUsers);
assertEquals(users.size(), allUsers.size());
verify(userRepository).findAll();
}

@Test
public void testSaveUser() throws Exception {
User user = new User("Dupont", "password", 1);
User userMock = new User(1L,"Dupont", "password", 1);
```

```
Mockito.when(userRepository.save((user))).thenReturn(userMock);
User userSaved = userService.saveOrUpdateUser(user);
assertNotNull(userSaved);
assertEquals(userMock.getId(), userSaved.getId());
assertEquals(userMock.getLogin(), userSaved.getLogin());
verify(userRepository).save(any(User.class));
}

@Test
public void testFindUserByLogin() {
User user = new User("Dupont", "password", 1);
Mockito.when(userRepository.findByLogin(user.getLogin())).thenReturn(user);
User userFromDB = userService.findByLogin(user.getLogin());
assertNotNull(userFromDB);
assertThat(userFromDB.getLogin(), is(user.getLogin()));
verify(userRepository).findByLogin(any(String.class));
}

@Test
public void testDelete() throws Exception {
User user = new User("Dupont", "password", 1);
User userMock = new User(1L,"Dupont", "password", 1);
Mockito.when(userRepository.save((user))).thenReturn(userMock);
User userSaved = userService.saveOrUpdateUser(user);
assertNotNull(userSaved);
assertEquals(userMock.getId(), userSaved.getId());
userService.deleteUser(userSaved.getId());
verify(userRepository).delete(any(Long.class));
}

@Test
public void testUpdateUser() throws Exception {
User userToUpdate = new User(1L,"Dupont", "password", 1);
User userUpdated = new User(1L,"Paul", "password", 1);
Mockito.when(userRepository.save((userToUpdate))).thenReturn(userUpdated);
User userFromDB = userService.saveOrUpdateUser(userToUpdate);
assertNotNull(userFromDB);
assertEquals(userUpdated.getLogin(), userFromDB.getLogin());
verify(userRepository).save(any(User.class));
}
}
```

Pour créer un **Mock Object** DAO, Spring Boot Test fournit l'annotation **@MockBean**. Et pour exécuter le service, nous avons besoin d'un objet instance de service. On peut obtenir cette instance à travers une déclaration de classe statique interne en utilisant l'annotation **@TestConfiguration** et en annotant cette instance par **@Bean**.

L'annotation **@TestConfiguration** a pour effet de n'exposer le bean de service que lors de la phase de tests, ce qui évite sûrement les conflits. Cette annotation joue le rôle de l'annotation **@Autowired**. Le framework Mockito a été utilisé pour moquer tout le service DAO, ce qui a permis d'initialiser les tests.

En développant les services, nous avons encrypté le mot de passe pour ne pas le laisser transiter en clair dans le réseau. Il faut donc ajouter un bean **BcryptPasswordEncoder**.

Je vous laisse le soin de tester les autres méthodes de la couche de service, et aussi le test des exceptions.

III-1-3 Tests unitaires du contrôleur

Le contrôleur à tester est le suivant :

```

@Controller
@RequestMapping("/user/*")
public class UserController {

private static final Logger logger = LoggerFactory.getLogger(UserController.class);

@Autowired
private UserService userService;
@Autowired
private RoleService roleService;

@GetMapping(value = "/users")
public ResponseEntity<Collection<User>> getAllUsers() {
Collection<User> users = userService.getAllUsers();
logger.info("liste des utilisateurs : " + users.toString());
return new ResponseEntity<Collection<User>>(users, HttpStatus.FOUND);
}

@PostMapping(value = "/users")
@Transactional
public ResponseEntity<User> saveUser(@RequestBody User user) {

User userExist = userService.findByLogin(user.getLogin());
if (userExist != null) {
logger.debug("L'utilisateur avec le login " + user.getLogin() + " existe déjà");
```

```
throw new BusinessResourceException("Duplicate Login", "Erreur de création ou de mise à jour de l'utilisateur: "+
}
Set<Role> roles= new HashSet<>();
Role roleUser = new Role("ROLE_USER");//initialisation du rôle ROLE_USER
roles.add(roleUser);
user.setRoles(roles);
user.setActive(0);
Set<Role> roleFromDB = extractRole_Java8(user.getRoles(), roleService.getAllRolesStream());
user.getRoles().removeAll(user.getRoles());
user.setRoles(roleFromDB);
User userSave = userService.saveOrUpdateUser(user);
logger.info("userSave : " + userSave.toString());
return new ResponseEntity<User>(user, HttpStatus.CREATED);
}
@GetMapping(value = "/users/{loginName}")
public ResponseEntity<User> findUserByLogin(@PathVariable("loginName") String login) {
User user = userService.findByLogin(login);
logger.debug("Utilisateur trouvé : " + user);
return new ResponseEntity<User>(user, HttpStatus.FOUND);
}
@PutMapping(value = "/users/{id}")
public ResponseEntity<User> updateUser(@PathVariable(value = "id") Long id, @RequestBody User user) {
User userToUpdate = userService.getUserById(id);
if (userToUpdate == null) {
logger.debug("L'utilisateur avec l'identifiant " + id + " n'existe pas");
return new ResponseEntity<User>(user,HttpStatus.NOT_FOUND);
}
logger.info("UPDATE ROLE: "+userToUpdate.getRoles().toString());
userToUpdate.setLogin(user.getLogin());
userToUpdate.setPassword(user.getPassword());
userToUpdate.setActive(user.getActive());
User userUpdated = userService.saveOrUpdateUser(userToUpdate);
return new ResponseEntity<User>(userUpdated, HttpStatus.OK);
}
@DeleteMapping(value = "/users/{id}")
public ResponseEntity<Void> deleteUser(@PathVariable(value = "id") Long id) throws BusinessResourceException {
User user = userService.getUserById(id);
if (user == null) {
logger.debug("L'utilisateur avec l'identifiant " + id + " n'existe pas");
```

```
throw new BusinessResourceException("User Not Found","Aucun utilisateur n'existe avec l'identifiant: "+id ,HttpStatus.75. }

userService.deleteUser(id);
logger.debug("L'utilisateur avec l'identifiant " + id + " supprimé");
return new ResponseEntity<Void>(HttpStatus.GONE);
}

private Set<Role> extractRole_Java8(Set<Role> rolesSetFromUser, Stream<Role> roleStreamFromDB) {
// Collect UI role names
Set<String> uiRoleNames = rolesSetFromUser.stream()
.map(Role::getRoleName)
.collect(Collectors.toCollection(HashSet::new));
// Filter DB roles
return roleStreamFromDB
.filter(role -> uiRoleNames.contains(role.getRoleName()))
.collect(Collectors.toSet());
}

//Méthodes utilitaires
private Set<Role> extractRoleUsingCompareTo_Java8(Set<Role> rolesSetFromUser, Stream<Role> roleStreamFromDB) {
return roleStreamFromDB
.filter(roleFromDB -> rolesSetFromUser.stream()
.anyMatch( roleFromUser -> roleFromUser.compareTo(roleFromDB) == 0))
.collect(Collectors.toCollection(HashSet::new));
}

private Set<Role> extractRole_BeforeJava8(Set<Role> rolesSetFromUser, Collection<Role> rolesFromDB) {
Set<Role> rolesToAdd = new HashSet<>();
for(Role roleFromUser:rolesSetFromUser){
for(Role roleFromDB:rolesFromDB){
if(roleFromDB.compareTo(roleFromUser)==0){
rolesToAdd.add(roleFromDB);
break;
}
}
}
return rolesToAdd;
}
}
```

Ce contrôleur dépend de la couche de service. Il ne connait pas la couche DAO. Il faut donc créer un Mock Object de la couche de service grâce à l'annotation déjà vue précédemment **@MockBean**. Et pour indiquer le contrôleur à tester, il faut utiliser l'annotation **@WebMvcTest** en lui passant en paramètre la classe à tester.

Cette annotation va aussi apporter toutes les dépendances SpringMVC nécessaires pour le cas de test.

Grâce à l'annotation @WebMvcTest, on peut injecter un **MockMvc** qui servira à construire des URL pour générer des requêtes HTTP. Nous allons tester la méthode du contrôleur qui recherche tous les utilisateurs de la base de données.

Créer le package de tests com.bnguimgo.springbootrestserver.controller et y ajouter le test
UserControllerTest suivant :

```

package com.bnguimgo.springbootrestserver.controller;

import static org.hamcrest.CoreMatchers.is;
import static org.hamcrest.Matchers.hasSize;
import static org.junit.Assert.assertEquals;
import static org.mockito.BDDMockito.given;
import static org.mockito.Matchers.any;
import static org.mockito.Mockito.verify;
import static org.mockito.Mockito.when;
//pour les méthodes HTTP
import static org.springframework.test.web.servlet.request.MockMvcRequestBuilders.get;
//pour JSON
import static org.springframework.test.web.servlet.result.MockMvcResultMatchers.jsonPath;
//pour HTTP status
import static org.springframework.test.web.servlet.result.MockMvcResultMatchers.status;

import java.util.Arrays;
import java.util.HashSet;
import java.util.List;
import java.util.Set;

import org.junit.Before;
import org.junit.Test;
import org.junit.runner.RunWith;
import org.springframework.beans.factory.annotation.Autowired;
import org.springframework.boot.test.autoconfigure.web.servlet.WebMvcTest;
import org.springframework.boot.test.mock.mockito.MockBean;
import org.springframework.http.HttpStatus;
import org.springframework.http.MediaType;
import org.springframework.test.context.junit4.SpringRunner;
import org.springframework.test.web.servlet.MockMvc;
import org.springframework.test.web.servlet.MvcResult;
import org.springframework.test.web.servlet.request.MockMvcRequestBuilders;

import com.bnguimgo.springbootrestserver.model.Role;
```

```
import com.bnguimgo.springbootrestserver.model.User;
import com.bnguimgo.springbootrestserver.service.RoleService;
import com.bnguimgo.springbootrestserver.service.UserService;

@RunWith(SpringRunner.class)
@WebMvcTest(UserController.class)
public class UserControllerTest {

@Autowired
private MockMvc mockMvc;

@MockBean
private UserService userService;
@MockBean
private RoleService roleService;

User user = new User(1L,"Dupont", "password", 1);
@Before
public void setUp() {
//Initialisation du setup avant chaque test
Role role = new Role("USER_ROLE");//initialisation du rôle utilisateur
Set<Role> roles = new HashSet<>();
roles.add(role);
user.setRoles(roles);
List<User> allUsers = Arrays.asList(user);

// Mock de la couche de service
given(userService.getAllUsers()).willReturn(allUsers);
when(userService.getUserById(any(Long.class))).thenReturn(user);
when(userService.saveOrUpdateUser(any(User.class))).thenReturn(user);
when(roleService.getAllRolesStream()).thenReturn(roles.stream());

}

@Test
public void testFindAllUsers() throws Exception {

MvcResult result = mockMvc.perform(get("/user/users")
.contentType(MediaType.APPLICATION_JSON))
.andExpect(status().isFound()) //statut HTTP de la réponse
.andExpect(jsonPath("$", hasSize(1)))
.andExpect(jsonPath("$[0].login", is(user.getLogin())))
.andExpect(jsonPath("$[0].password", is(user.getPassword())))
.andExpect(jsonPath("$[0].active", is(user.getActive())))
.andReturn();

// ceci est une redondance, car déjà vérifié par: isFound()
assertEquals("Réponse incorrecte", HttpStatus.FOUND.value(),
result.getResponse().getStatus());

//on s'assure que la méthode de service getAllUsers() a bien été appelée
verify(userService).getAllUsers();
}
```

```
@Test
public void testSaveUser() throws Exception {
given(userService.findByLogin("Dupont")).willReturn(null);
//on exécute la requête
mockMvc.perform(MockMvcRequestBuilders.post("/user/users")
.contentType(MediaType.APPLICATION_XML)
.accept(MediaType.APPLICATION_XML)
.content("<user><login>Dupont</login><password>password</password><active>1</active></user>"))
.andExpect(status().isCreated());
//on s'assure que la méthode de service saveOrUpdateUser(User) a bien été appelée
verify(userService).saveOrUpdateUser(any(User.class));
}
@Test
public void testFindUserByLogin() throws Exception {
given(userService.findByLogin("Dupont")).willReturn(user);
//on execute la requête
mockMvc.perform(get("/user/users/{loginName}", new String("Dupont"))
.contentType(MediaType.APPLICATION_JSON))
.andExpect(status().isFound())
.andExpect(jsonPath("$.login", is(user.getLogin())))
.andExpect(jsonPath("$.password", is(user.getPassword())))
.andExpect(jsonPath("$.active", is(user.getActive())));
//Résultat: on s'assure que la méthode de service findByLogin(login) a bien été appelée
verify(userService).findByLogin(any(String.class));
}
@Test
public void testDeleteUser() throws Exception {
// on exécute le test
mockMvc.perform(MockMvcRequestBuilders.delete("/user/users/{id}", new Long(1)))
.andExpect(status().isGone());
// On vérifie que la méthode de service deleteUser(Id) a bien été appelée
verify(userService).deleteUser(any(Long.class));
}
@Test
public void testUpdateUser() throws Exception {
//on exécute la requête
mockMvc.perform(MockMvcRequestBuilders.put("/user/users/{id}",new Long(1))
.contentType(MediaType.APPLICATION_XML)
.accept(MediaType.APPLICATION_XML)
.content("<user><active>0</active></user>"))
.andExpect(status().isOk());
```

```

//on s'assure que la méthode de service saveOrUpdateUser(User) a bien été appelée
verify(userService).saveOrUpdateUser(any(User.class));

}
}
```

Il faut remarquer l'injection du bean **RoleService** qui est nécessaire, car un utilisateur peut avoir un ou plusieurs rôles.

Ce chapitre sur les tests unitaires a permis de voir que les besoins en matière de tests unitaires diffèrent d'une couche à l'autre.

Couche DAO :
– **@DataJpaTest** pour configurer la base de données et la **Datasource** ;
– **TestEntityManager** qui est l'équivalent **Mock de JPA EntityManager**.

Couche de service :
– **@TestConfiguration** permet de récupérer une implémentation du bean de service ;
– **@MockBean** pour créer un objet Mock de la couche DAO ;
– **Mockito** pour créer un Mock de la couche DAO.

Couche contrôleur :
– **@WebMvcTest** permet d'indiquer le contrôleur à tester ;
– **@MockMvc** pour injecter un mock MVC qui sert à construire des requêtes HTTP ;
– **@MockBean** pour créer un mock de la couche de service.

INFO : *Il faut bien remarquer que sur toutes les couches de l'application, l'annotation **@RunWith(SpringRunner.class)** est partout présente sur la classe de test.*

III-2 TESTS D'INTEGRATION

Les tests d'intégration consistent à tester une fonctionnalité ou un service complet à travers toutes les couches de l'application. Cela suppose qu'il faut penser à un déploiement complet de l'application, d'où la nécessité d'un serveur d'application, d'une base de données et, par conséquent, **pas de Mocks Objects**. En pratique, pour tester toutes les fonctionnalités d'une application, ça prend beaucoup de temps. C'est pourquoi ces tests sont séparés des tests unitaires et sont généralement programmés à des heures d'activités réduites.

Avant d'écrire le test, voici le paramétrage nécessaire à l'initialisation de la classe de test :

Paramétrage des tests d'intégration

```
@RunWith(SpringRunner.class)
@SpringBootTest(webEnvironment = WebEnvironment.RANDOM_PORT)
@TestPropertySource(locations = "classpath:test.properties")
public class UserControllerIntegrationTest {

private static final Logger logger =
LoggerFactory.getLogger(UserControllerIntegrationTest.class);

@Autowired
private TestRestTemplate restTemplate;

@LocalServerPort //permet d'utiliser le port local du serveur, sinon une erreur "Connection refused"
private int port;

private static final String URL= "http://
localhost:";//url du serveur REST. Cette URL peut être celle d'un serveur distant

private String getURLWithPort(String uri) {
return URL + port + uri;
}

// Les tests ici
}
```

INFO : *Il faut garder à l'esprit que, dans le cadre d'un test d'intégration, tous les services du serveur d'application doivent être démarrés.*

Quelques explications de l'annotation:

@SpringBootTest(webEnvironment=WebEnvironment.RANDOM_PORT, classes={Controller.class, AnotherController.class})

Cette annotation a pour rôle :

– de déclencher le démarrage du serveur d'application sur un port libre ;
– de créer une ApplicationContext pour les tests ;
– d'initialiser une servlet embarquée ;
– et enfin d'enregistrer un bean TestRestTemplate pour la gestion des requêtes HTTP.

@TestPropertySource(locations="classpath:test.properties")

Cette annotation charge le fichier de propriétés contenant toutes les informations nécessaires au déroulement complet des tests (configuration du profil de test, de la base de données, des logs, etc.). On peut tout à fait utiliser les paramètres par défaut de Spring Boot sans avoir besoin de configurer ce fichier.

On peut aussi ajouter l'annotation **@Sql({classpath : init-data.sql})**, C'est le fichier optionnel d'initialisation de la base de données situé dans le classpath. Si ce fichier est placé au niveau de classe, alors, il s'exécute avant chaque cas de test.

TestRestTemplate est l'injection d'une dépendance enregistrée par @SpringBootTest pour écrire les requêtes HTTP. Vous pouvez configurer les logs et l'accès à la base de données dans le fichier **test.properties** afin d'utiliser une base de données différente de celle de l'application.

Je mets à votre disposition la configuration de la base de données pour les tests à travers le fichier **test.properties**

Voici le contenu du fichier test.properties

```

# Server
#important du contexte sinon erreur
server.contextPath = /springboot-restserver

security.basic.enabled=false

# Database
spring.datasource.driverClassName=org.hsqldb.jdbcDriver
spring.datasource.url=jdbc:hsqldb:mem:testdb
spring.datasource.username=sa
spring.datasource.password=

# JPA
spring.jpa.properties.hibernate.dialect=org.hibernate.dialect.HSQLDialect
spring.jpa.hibernate.ddl-auto=create-drop
spring.jpa.show-sql=true

# Logging
logging.level.com.bnguimgo.springbootrestserver=DEBUG
logging.level.org.springframework.web.client.RestTemplate=DEBUG
```

Notez le paramétrage du contexte **server.contextPath = /springboot-restserver** de l'application nécessaire utilisé par le contrôleur lors des tests unitaires.

Voici les **tests d'intégration pour tous les services CRUD** à créer dans un package com.bnguimgo.springbootrestserver.integrationtest :

Tests d'intégration pour tous les services CRUD

```

package com.bnguimgo.springbootrestserver.integrationtest;

import static org.junit.Assert.assertEquals;
import static org.junit.Assert.assertNotNull;

import java.util.Collection;
import java.util.HashMap;
import java.util.Map;

import org.junit.Test;
import org.junit.runner.RunWith;
import org.slf4j.Logger;
import org.slf4j.LoggerFactory;
```

```
import org.springframework.beans.factory.annotation.Autowired;
import org.springframework.boot.context.embedded.LocalServerPort;
import org.springframework.boot.test.context.SpringBootTest;
import org.springframework.boot.test.context.SpringBootTest.WebEnvironment;
import org.springframework.boot.test.web.client.TestRestTemplate;
import org.springframework.http.HttpEntity;
import org.springframework.http.HttpMethod;
import org.springframework.http.HttpStatus;
import org.springframework.http.ResponseEntity;
import org.springframework.test.context.TestPropertySource;
import org.springframework.test.context.junit4.SpringRunner;

import com.bnguimgo.springbootrestserver.model.User;

@RunWith(SpringRunner.class)
@SpringBootTest(webEnvironment = WebEnvironment.RANDOM_PORT)
@TestPropertySource(locations = "classpath:test.properties")
public class UserControllerIntegrationTest {

private static final Logger logger = LoggerFactory.getLogger(UserControllerIntegrationTest.class);

@Autowired
private TestRestTemplate restTemplate;

@LocalServerPort //permet d'utiliser le port local du serveur, sinon une erreur "Connection refused"
private int port;
private static final String URL= "http://localhost:";//url du serveur REST. Cette URL peut être celle d'un serveur distant

private String getURLWithPort(String uri) {
return URL + port + uri;
}
@Test
public void testFindAllUsers() throws Exception {
ResponseEntity<Object> responseEntity = restTemplate.getForEntity(getURLWithPort("/springboot-restserver/user/users"), Object.class);

Collection<User> userCollections = (Collection<User>) responseEntity.getBody();
logger.info("Utilisateur trouvé : " + userCollections.toString());


// On vérifie le code de réponse HTTP, en cas de différence entre les deux valeurs, le message "Réponse inattendue"
assertEquals("Réponse inattendue", HttpStatus.FOUND.value(), responseEntity.getStatusCodeValue());

assertNotNull(userCollections);
assertEquals(3, userCollections.size());//on a bien 3 utilisateurs initialisés par les scripts data.sql au démarrage des tests
}

```

```
@Test
public void testSaveUser() throws Exception {
User user = new User("PIPO", "password", 1);
ResponseEntity<User> userEntitySaved = restTemplate.postForEntity(getURLWithPort("/springboot-restserver/user/users"), user, User.class);
User userSaved = userEntitySaved.getBody();
assertNotNull(userSaved);
assertEquals(user.getLogin(),userSaved.getLogin());
assertEquals("Réponse inattendue", HttpStatus.CREATED.value(), userEntitySaved.getStatusCodeValue());
}
@Test
public void testFindUserByLogin() throws Exception {
Map<String, String> variables = new HashMap<>(1);
variables.put("loginName", "user3");
ResponseEntity<User> responseEntity = restTemplate.getForEntity(getURLWithPort("/springboot-restserver/user/users/{loginName}"), User.class, variables);
User userFound = responseEntity.getBody();
logger.info("Utilisateur trouvé : " + userFound.toString());
// On vérifie le code de réponse HTTP, en cas de différence entre les deux valeurs, le message "Réponse inattendue"
assertEquals("Réponse inattendue", HttpStatus.FOUND.value(), responseEntity.getStatusCodeValue());
assertNotNull(userFound);
assertEquals(3, userFound.getId().longValue());
}
@Test
public void testDeleteUser() throws Exception {
Map<String, Long> variables = new HashMap<>(1);
variables.put("id", new Long(1));
ResponseEntity<Void> responseEntity = restTemplate.exchange(getURLWithPort("/springboot-restserver/user/users/{id}"),
HttpMethod.DELETE,
null,
Void.class,
variables);
assertEquals("Réponse inattendue", HttpStatus.GONE.value(), responseEntity.getStatusCodeValue());
}
@Test
public void testUpdateUser() throws Exception {
Map<String, Long> variables = new HashMap<>(2);
User userToUpdate = new User("updateLogin", "password", 0);//on met à jour l'utilisateur qui a l'identifiant 1
variables.put("id", new Long(2));//on va désactiver l'utilsateur qui a l'identifiant 2
```

```
HttpEntity<User> requestEntity = new HttpEntity<User>(userToUpdate);
ResponseEntity<User> responseEntity = restTemplate.exchange(getURLWithPort("/springboot-restserver/user/users/{id}"),
HttpMethod.PUT,
requestEntity,
User.class,variables);
assertEquals("Réponse inattendue", HttpStatus.OK.value(), responseEntity.getStatusCodeValue());
}
}
```

INFO : *L'annotation* ***@LocalServerPort*** *est très importante, car elle permet d'ouvrir automatiquement un port local sur le serveur, par exemple le port* ***8080****. Sans cette annotation, vous aurez une erreur du type :* ***Connection refused.***

Dans le **chapitre IV**, un **client web** sera développé pour consommer les services. Il faudra pour ce faire utiliser **Spring RestTemplate** pour établir la communication entre le client et le serveur. C'est d'ailleurs pour cette que Spring RestTemplate a été utilisé pour les tests d'intégration.

N'hézitez pas à lire et relire ce chapitre IV, car la plupart des tutoriels qui existent sur internet ne montrent pas comment mettre en place le client afin de consommer les services.

J'ai tenu à bien séparer les deux parties pour démontrer qu'on peut tout à fait développer et consommer ces services sur un serveur distant.

Chapitre IV: Client REST, consommation des services

IV-1 INTRODUCTION

Dans ce chapitre, un **client REST sera développé** en utilisant le Framework **Spring RestTemplate** et **SpringMVC**. Le service à consommer par le client a été développé au chapitre II.

Spring RestTemplate est un Framework de Spring qui permet d'établir une communication entre un **client** et un **serveur REST**, ceci grâce aux requêtes **HTTP**.

SpringMVC permet de faire le lien entre le contrôleur et les pages **JSP** grâce aux mappings des **objets Models (Model, Map, ModelAndView)**.

Le **contrôleur** intercepte toutes les requêtes et les transmet (grâce à Spring RestTemplate) ensuite au service REST qui lui renvoie une réponse, et c'est cette réponse qui est remise au Model à travers une variable pour affichage dans une page JSP.

IV-2 CREATION DU PROJET CLIENT

Le socle projet sera créé par génération depuis le site web de Spring Boot dont voici le lien : **https://start.spring.io/**. Vous pouvez néanmoins créer manuellement un projet Maven classique et le compléter. Avant de créer le socle projet, nous savons que notre application est une application web.

Voici donc les dépendances nécessaires :

– **Web** : permet à Spring Boot de rapatrier toutes les dépendances pour une application web (SpringMVC, SpringContext etc.).
– **Packaging : War**, car l'application sera déployée sur un serveur d'application.
– **Java Version 8.**
– Pour accéder à tous les modules fournis par Spring Boot, cliquez sur **Switch to full version.**

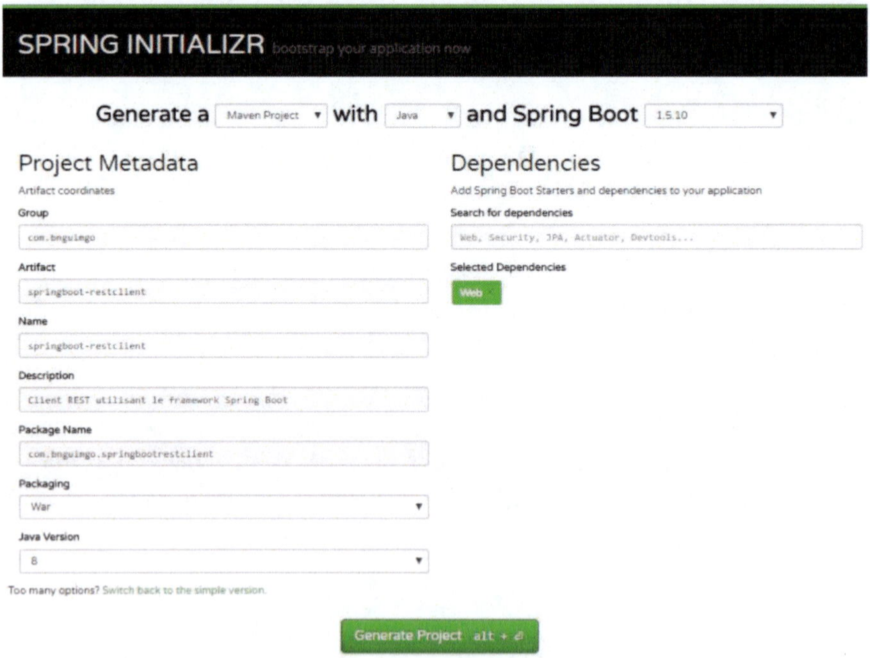

Génération Spring Boot Client Rest

Le résultat de la génération est un fichier zip **springboot-restclient.zip** que vous devez décompresser et importer dans votre IDE préféré (dans mon cas, il s'agit d'Eclipse) en suivant la procédure suivante :
Fichier --> Import … --> Existing Maven Projects --> Next --> Indiquer le chemin au pom.xml --> Finish

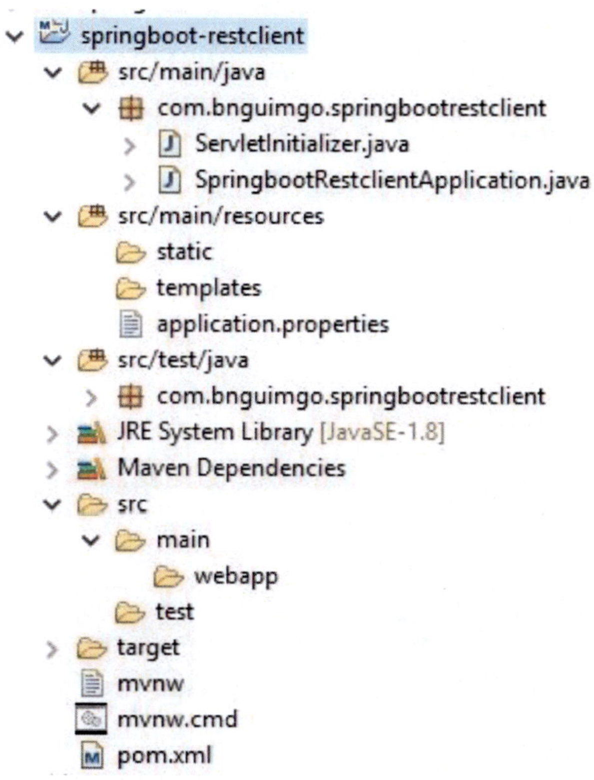

Structure projet client généré par Spring Boot

Voici le contenu des deux classes générées :

ServletInitializer

```

package com.bnguimgo.springbootrestclient;

import org.springframework.boot.builder.SpringApplicationBuilder;
import org.springframework.boot.web.support.SpringBootServletInitializer;

public class ServletInitializer extends SpringBootServletInitializer {

@Override
protected SpringApplicationBuilder configure(SpringApplicationBuilder application) {
return application.sources(SpringbootRestclientApplication.class);
}
}
```

La classe **ServletInitializer** étend SpringBootServletInitializer qui permet de déployer l'application en tant qu'application web. Elle initialise également la classe de démarrage.

SpringbootRestclientApplication

```

package com.bnguimgo.springbootrestclient;

import org.springframework.boot.SpringApplication;
import org.springframework.boot.autoconfigure.SpringBootApplication;

@SpringBootApplication
public class SpringbootRestclientApplication {

public static void main(String[] args) {
SpringApplication.run(SpringbootRestclientApplication.class, args);
}
}
```

La classe **SpringbootRestclientApplication** est le point d'entrée de l'application, et possède à cet effet la méthode ***main (String[] args)*** qui exécute l'application au démarrage

Il faut compléter le **pom.xml** avec les propriétés et dépendances manquantes. Dans la partie propriété, j'ai indiqué quel est le point d'entrée de l'application, et la version de Tomcat. Ces deux configurations restent optionnelles, car Spring boot sait se débrouiller tout seul. Mais, comme je vais utiliser un Tomcat externe, il faut renseigner la version de Tomcat. Vous pouvez donc supprimer la dépendance de Tomcat ajoutée par défaut lors de la génération.

```
1.
2. <properties>
3. <start-class>com.bnguimgo.springbootrestclient.SpringbootRestclientApplication</start-class><!-
-
cette déclaration est optionnelle -->
4. <project.build.sourceEncoding>UTF-8</project.build.sourceEncoding>
5. <project.reporting.outputEncoding>UTF-8</project.reporting.outputEncoding>
6. <java.version>1.8</java.version>
7. <tomcat.version>8.0.41</tomcat.version><!-- Permet de modifier la version de Tomcat
embarquée -->
8. </properties>
```

Comme on va développer les pages web en utilisant la technologie **JSP**, il faut ajouter la dépendance **jstl**, car Spring Boot ne sait pas d'avance quel client web il va supporter. Cependant, Spring Boot intègre un Framework de Template Thymeleaf que je ne vais pas utiliser dans le cadre de ce projet.

On va donc ajouter cette dépendance :

```
1.
2. <dependency>
3. <groupId>javax.servlet</groupId>
4. <artifactId>jstl</artifactId>
5. </dependency>
```

INFO : *Pensez à faire de temps en temps une synchronisation des dépendances dans Eclipse en faisant un* ***clic droit --> Maven --> Update Projects …***

Les dépendances **spring-boot-starter-tomcat** et **spring-boot-starter-test** ont été supprimées puisque nous n'en aurons pas besoin. Il faut aussi supprimer le package de tests. Pour les tests unitaires et tests d'intégration, se référer au **chapitre III**

Voici le **pom.xml final** de l'application CLIENT:

pom.xml final

```
<?xml version="1.0" encoding="UTF-8"?>
<project xmlns="http://maven.apache.org/POM/4.0.0"
xmlns:xsi="http://www.w3.org/2001/XMLSchemainstance"
xsi:schemaLocation="http://maven.apache.org/POM/4.0.0 http://maven.apache.org/xsd/
maven-4.0.0.xsd">
<modelVersion>4.0.0</modelVersion>
<groupId>com.bnguimgo</groupId>
<artifactId>springboot-restclient</artifactId>
<version>0.0.1-SNAPSHOT</version>
<packaging>war</packaging>
<name>springboot-restclient</name>
<description>Client REST utilisant le framework Spring Boot</description>
<parent>
<groupId>org.springframework.boot</groupId>
<artifactId>spring-boot-starter-parent</artifactId>
<version>1.5.10.RELEASE</version>
<relativePath/> <!-- lookup parent from repository -->
</parent>
<properties>
<start-class>com.bnguimgo.springbootrestclient.SpringbootRestclientApplication</startclass><!--
cette déclaration est optionnelle -->
<project.build.sourceEncoding>UTF-8</project.build.sourceEncoding>
<project.reporting.outputEncoding>UTF-8</project.reporting.outputEncoding>
<java.version>1.8</java.version>
<tomcat.version>8.0.41</tomcat.version><!-- Permet de modifier la version de Tomcat embarquée -
-
>
</properties>
<dependencies>
<dependency>
<groupId>org.springframework.boot</groupId>
<artifactId>spring-boot-starter-web</artifactId>
</dependency>
<!-- obligatoire: JSTL pour les pages JSP, car Spring Boot ne sais pas quel type de client vous allez
utiliser (>
<dependency>
<groupId>javax.servlet</groupId>
<artifactId>jstl</artifactId>
</dependency>
</dependencies>
<build>
<finalName>springboot-restclient</finalName>
<plugins>
```

```
<plugin>
<groupId>org.springframework.boot</groupId>
<artifactId>spring-boot-maven-plugin</artifactId>
</plugin>
</plugins>
</build>
</project>
```

En résumé, le pom.xml ne contient que deux dépendances :

– Une dépendance **spring-boot-starter-web** pour la partie web.
– Une dépendance **JSTL** pour les servlets et pages JSP.

INFO : Il faut exécuter un premier build pour vérifier que la configuration est bonne.

IV-3 Creation du contrôleur client

Un contrôleur par défaut sera crée et dont le rôle est d'envoyer une requête ping au serveur pour vérifier si le serveur est démarré et donc disponible, sinon, une page d'erreur est affichée.

IV-3-1 Contrôleur par défaut

Il faut créer un package **controller** et y ajouter la classe **WelcomeController**.

Contrôleur WelcomeController

```

package com.bnguimgo.springbootrestclient.controller;
import org.slf4j.Logger;
import org.slf4j.LoggerFactory;
import org.springframework.beans.factory.annotation.Autowired;
import org.springframework.http.ResponseEntity;
import org.springframework.stereotype.Controller;
import org.springframework.web.bind.annotation.GetMapping;
import org.springframework.web.client.RestTemplate;
import org.springframework.web.servlet.ModelAndView;

```

```
@Controller
public class WelcomeController {

private static final Logger logger = LoggerFactory.getLogger(WelcomeController.class);

@Autowired
private RestTemplate restTemplate;

@Autowired
private PropertiesConfigurationService configurationService ;

@GetMapping(value="/")
ModelAndView ping(ModelAndView modelAndView) {

ResponseEntity<String> reponseServeur =
restTemplate.getForEntity(configurationService.getUrl(), String.class);
int codeReponseServeur= reponseServeur.getStatusCodeValue();
String reponsePing="";
if(codeReponseServeur!=200){

logger.error("Réponse du serveur: "+codeReponseServeur+" ==> Serveur indisponible, votre appli-
cation ne fonctionnera
reponsePing=configurationService.getPingServeurKo();
}else{
reponsePing=configurationService.getPingServeurOk();
logger.info(configurationService.getPingServeur(),reponsePing);
}
//construction de la vue
modelAndView.setViewName("welcome");
modelAndView.addObject("urlServeur", configurationService.getUrl());
modelAndView.addObject("pingServeur", reponsePing);
modelAndView.addObject("profileActif", configurationService.getProfileActif());
return modelAndView;
}

@GetMapping(value = "/error")
public String error() {
return "error";
}

@GetMapping("/next")
ModelAndView next(ModelAndView modelAndView) {
modelAndView.setViewName("next");
modelAndView.addObject("message", configurationService.getMessage());
return modelAndView;
}
}
```

L'injection par @Autowired de **RestTemplate** va permettre de construire les requêtes **HTTP** nécessaires pour établir la communication avec le serveur.

Grâce à l'annotation **@GetMapping(value="/")**, la méthode **ModelAndView ping(ModelAndView modelAndView) {xxx }** envoie une requête "**ping**" au serveur à l'adresse **app.serveur.url = http://localhost:8080/springbootrestserver/**. Cette requête est construite avec **RestTemplate**

Si la réponse reçue correspond au code **HttpStatus = 200**, c'est que le serveur est disponible. On construit ensuite la vue **welcome.jsp** grâce à la classe **ModelAndView** fournie par Spring en lui passant en paramètres la page à afficher, **l'URL du serveur, la réponse du serveur, et enfin le profil utilisateur**.

Si le serveur ne répond pas, une page d'erreur **error.jsp** sera construite et renvoyée grâce à la méthode :

code de la page d'erreur

```
@GetMapping(value = "/error")
public String error() {
return "error";
}
```

L'adresse du serveur est configurée dans le fichier **application.properties** et accessible grâce à la classe utilitaire ci-dessous.

Classe utilitaire PropertiesConfigurationService

```
package com.bnguimgo.springbootrestclient.controller;

import org.springframework.beans.factory.annotation.Value;
import org.springframework.stereotype.Service;

@Service
public class PropertiesConfigurationService{

@Value("${app.serveur.url}") // injection via application.properties
private String url="";

@Value("${app.serveur.pingServeur}")
private String pingServeur;

@Value("${app.serveur.ok}")
private String pingServeurOk;

```

```
@Value("${app.serveur.ko}")
private String pingServeurKo;

@Value("${nextpage.message}")
private String message;

@Value("${spring.profiles.active}")
private String profileActif;
// getters, setters

public String getUrl() {
return url;
}

public String getPingServeur() {
return pingServeur;
}

public String getPingServeurOk() {
return pingServeurOk;
}

public String getPingServeurKo() {
return pingServeurKo;
}

public String getMessage() {
return message;
}

public String getProfileActif() {
return profileActif;
}
}
```

Cette classe utilitaire **PropertiesConfigurationService** permet de récupérer l'URL du serveur stockée dans le fichier de configuration **application.properties**. Cette classe permet également de récupérer toutes les autres variables du fichier de configuration. Le principal avantage de cette classe, c'est qu'elle permet d'éviter qu'une même variable soit injectée dans plusieurs classes, ce qui rend la maintenance facile.

Voici les trois fichiers **.properties** à ajouter dans **source/main/resources/**

Le fichier application.properties contient les propriétés globales de l'application

```

#Au démarrage de l'application, en cas d'erreur
```

```
server.error.whitelabel.enabled = false
#Chargement du profil par defaut dev
spring.profiles.active=dev
```

Le fichier application-dev-properties contient la configuration nécessaire en phase de développement

```
#URL du serveur REST
app.serveur.url = http://localhost:8080/springboot-restserver/
nextpage.message = Salut vous &ecirc;tes en profile dev
app.serveur.ok = disponible
app.serveur.ko = indisponible
app.serveur.pingServeur = Le serveur est { }
compte.user.exist = Un utilisateur est d&eacute;j&agrave; enregistr&eacute; avec ce compte

#GESTION DES LOGS
logging.level.org.springframework.web=DEBUG
logging.level.com.bnguimgo.restclient=DEBUG

# Pattern impression des logs consoles
logging.pattern.console= %d{yyyy-MM-dd HH:mm:ss} - %msg%n

# Pattern impression des logs dans un fichier
logging.pattern.file= %d{yyyy-MM-dd HH:mm:ss} [%thread] %-5level %logger{36} - %msg%n
# Redirection des logs vers un fichier du repertoire Temp, exemple sur windows: C:\Users\UnserName\AppData\Local\Temp\
logging.file= ${java.io.tmpdir}\logs\\restClient\\applicationRestClient.log
```

Le fichier application-prod-properties contient la configuration nécessaire en phase de production

```
logging.level.org.springframework.web=ERROR
logging.level.com.bnguimgo.restclient=ERROR
#
# Pattern impression des logs console
logging.pattern.console= %d{yyyy-MM-dd HH:mm:ss} - %msg%n

# Pattern impression des logs dans un fichier
logging.pattern.file= %d{yyyy-MM-dd HH:mm:ss} [%thread] %-5level %logger{36} - %msg%n
# Redirection des logs vers un fichier du repertoire Temp, exemple sur windows: C:\Users\UnserName\AppData\Local\Temp\
logging.file=${java.io.tmpdir}/logs/rest/applicationRest.log
```

IV-3-2 Création du contrôleur UserController

Ce contrôleur gère tous les services CRUD relatifs au compte utilisateur. Je vais mettre en oeuvre deux de ces services : la **création** et la **connexion** d'un utilisateur.

UserController

```


package com.bnguimgo.springbootrestclient.controller;
import java.util.HashMap;
import java.util.Map;

import javax.validation.Valid;

import org.slf4j.Logger;
import org.slf4j.LoggerFactory;
import org.springframework.beans.factory.annotation.Autowired;
import org.springframework.http.ResponseEntity;
import org.springframework.stereotype.Controller;
import org.springframework.validation.BindingResult;
import org.springframework.web.bind.annotation.GetMapping;
import org.springframework.web.bind.annotation.ModelAttribute;
import org.springframework.web.bind.annotation.PostMapping;
import org.springframework.web.client.RestTemplate;
import org.springframework.web.servlet.ModelAndView;

import com.bnguimgo.springbootrestclient.dto.UserDto;
import com.bnguimgo.springbootrestclient.dto.UserRegistrationForm;
import com.bnguimgo.springbootrestclient.entities.User;


@Controller
public class LoginController {

private static final Logger logger = LoggerFactory.getLogger(LoginController.class);

@Autowired
private RestTemplate restTemplate;

@Autowired
private PropertiesConfigurationService configurationService ;

@GetMapping(value = "/login")//initialisation du login
public String loginView(Map<String, Object> model) {
UserDto userDto = new UserDto();
```

```
model.put("userForm", userDto);
return "loginForm";
}

@PostMapping(value = "/login")
public ModelAndView login(@Valid @ModelAttribute("userForm") UserDto userForm,
BindingResult bindingResult, ModelAndView modelAndView) {

modelAndView.setViewName("loginForm");
if (bindingResult.hasErrors()) {
return modelAndView;
}
Map<String, String> variables = new HashMap<String, String>(1);
variables.put("loginName", userForm.getLogin());

ResponseEntity<User> userExists =
restTemplate.getForEntity(configurationService.getUrl() +"user/users/{loginName}", User.class,
variables);
User user = userExists.getBody();
if (user == null) {//ceci nous évite d'écrire une page de gestion des erreurs
modelAndView.addObject("saveError", "Aucun utilisateur trouvé avec ce compte");
return modelAndView;
}
modelAndView.setViewName("loginSuccess");
return modelAndView;
}

@GetMapping(value = "/registration")//initialisation du formulaire de création du compte
public String registrationView(Map<String, Object> model) {
UserRegistrationForm userRegistrationForm = new UserRegistrationForm();
model.put("registrationForm", userRegistrationForm);
return "registrationForm";
}

@PostMapping(value = "/registration")
public ModelAndView saveUser(@Valid @ModelAttribute("registrationForm")
UserRegistrationForm userRegistrationForm,
BindingResult bindingResult, ModelAndView modelAndView) {
modelAndView.setViewName("registrationForm");
if (bindingResult.hasErrors()) {
return modelAndView;
}
Map<String, String> variables = new HashMap<String, String>(1);
variables.put("loginName", userRegistrationForm.getLogin());

ResponseEntity<User> userEntity =
restTemplate.getForEntity(configurationService.getUrl() +"user/users/{loginName}", User.class,
variables);
User userExists = userEntity.getBody();
if (userExists != null) {//ceci nous évite d'écrire une page de gestion des erreurs
logger.info("userExists", userExists.toString());

```

```
bindingResult.rejectValue("login", "error.user", "Un utilisateur est déjà enregistré avec ce
compte");//Note: la
return modelAndView;
}

//return "loginSuccess";
ResponseEntity<User> userEntitySaved =
restTemplate.postForEntity(configurationService.getUrl() +"user/
users", new User(userRegistrationForm),
User.class);//point de liaison entre le client REST et le serveur REST grace à RestTemplate
User userSaved = userEntitySaved.getBody();
if(null ==userSaved){
modelAndView.addObject("saveError", "erreur de création du compte.");
return modelAndView;
}
modelAndView.setViewName("loginSuccess");
modelAndView.addObject("userSaved", userSaved);
return modelAndView;
}
}
```

La méthode annotée par **@PostMapping(value = "/login")** permet de traiter les requêtes de connexion à l'application.

La méthode annotée par **@PostMapping(value = "/registration")** permet de créer le compte utilisateur. Cette méthode utilise une instance de l'objet restTemplate pour construire la requête vers le serveur.

IV-4 Configuration de l'application

Dans cette section, je vais créer une classe de configuration **MvcConfiguration** juste pour indiquer à Spring Boot où se trouvent les pages web à charger, puisque je ne vais pas utiliser la configuration par défaut qui consiste à mettre toutes les pages statiques dans le dossier **source/main/resources/static généré**. Créer un package **config** et y ajouter cette classe.

Voici la classe : MvcConfiguration

```

package com.bnguimgo.springbootrestclient.config;

import org.springframework.boot.web.client.RestTemplateBuilder;
import org.springframework.context.annotation.Bean;
import org.springframework.context.annotation.ComponentScan;
import org.springframework.context.annotation.Configuration;
import org.springframework.web.client.RestTemplate;
import org.springframework.web.servlet.config.annotation.DefaultServletHandlerConfigurer;
import org.springframework.web.servlet.config.annotation.EnableWebMvc;
import org.springframework.web.servlet.config.annotation.ViewResolverRegistry;
import org.springframework.web.servlet.config.annotation.WebMvcConfigurerAdapter;
import org.springframework.web.servlet.view.InternalResourceViewResolver;
import org.springframework.web.servlet.view.JstlView;

@Configuration
@EnableWebMvc
@ComponentScan
public class MvcConfiguration extends WebMvcConfigurerAdapter {

@Override
public void configureViewResolvers(ViewResolverRegistry registry) {
InternalResourceViewResolver resolver = new InternalResourceViewResolver();
resolver.setPrefix("/WEB-INF/views/");
resolver.setSuffix(".jsp");
resolver.setOrder(1);
resolver.setViewClass(JstlView.class);
registry.viewResolver(resolver);
}
@Override
public void configureDefaultServletHandling(DefaultServletHandlerConfigurer configurer) {
configurer.enable();
}

@Bean
public RestTemplate restTemplate(RestTemplateBuilder builder) {
builder.setConnectTimeout(10);//set timeout connection
return builder.build();
}
}
```

D'après cette configuration, toutes les pages web (**vues**) seront dans le dossier "**/WEB-INF/views/**".

L'annotation **@Configuration** indique que cette classe peut être utilisée par le conteneur Spring comme une source de définition des beans. On constate par ailleurs que le bean **restTemplate** y a été initialisé.

INFO : *Si on ne déclarait pas le bean* ***restTemplate****, il serait impossible d'injecter RestTemplate par @Autowired dans le contrôleur WelcomeController, à défaut il faut faire un* ***new RestTemplate()*** *à chaque appel de RestTemplate.*

Depuis ***Spring-4****, on ne peut plus injecter directement RestTemplate par @Autowired car, la classe RestTemplate a été est migrée dans* ***RestTemplateBuilder*** *qui offre plus de méthodes, comme la configuration du timeout, etc.*

L'annotation **@EnableWebMvc** est l'équivalent de **mvc:annotation-driven** si on utilisait la configuration **XML**. Cette annotation active le contexte SpringMVC, et permet d'utiliser les annotations **@Controller**.

@ComponentScan scanne par défaut toutes les classes du même package pour trouver les classes annotées.

IV-5 CRÉATION DES PAGES WEB (JSP)

Créer les dossiers **WEB-INF/views/** dans **webapp** pour y ajouter les **vues.jsp**. Toutes les vues que j'ai créées sont disponibles en téléchargement dans le répertoire **WEB-INF/views/**.

Les vues (**pages web**) et toutes les sources sont disponibles en téléchargement sur le site :
https://bnguimgo.developpez.com/tutoriels/spring/services-rest-avec-springboot-et-spring-resttemplate/fichiers/TutoSpringBoot_et_REST.zip

IV-6 TEST DE L'APPLICATION

Commencer par démarrer le serveur, ensuite le client (**clic droit sur le projet --> Run As --> Run On Server -->Tomcat-8**).
Voici l'URL de test : http://localhost:8080/springboot-restclient/

IV-6-1 Résultat quand le serveur est démarré

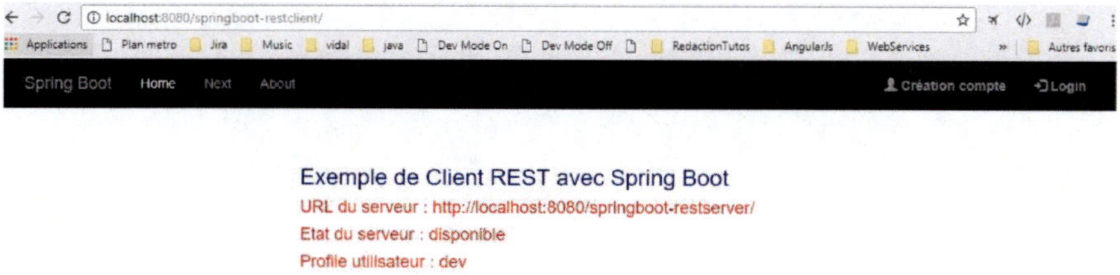

Serveur REST démarré et à l'écoute

IV-6-2 Résultat quand le serveur est arrêté

Si on démarre le client alors que le **serveur est arrêté**, on aura l'erreur ci-dessous:

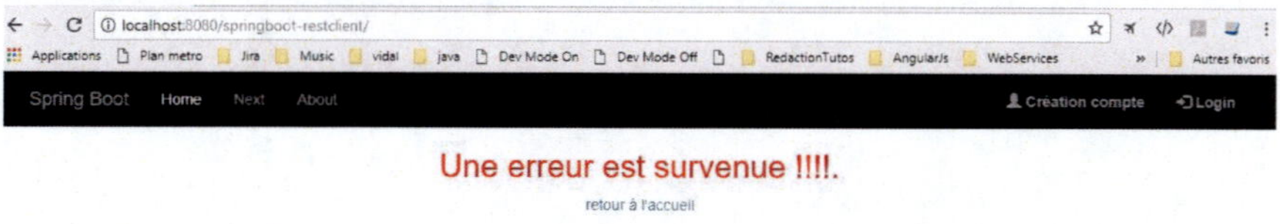

Serveur REST arrêté

IV-6-3 Création d'un utilisateur

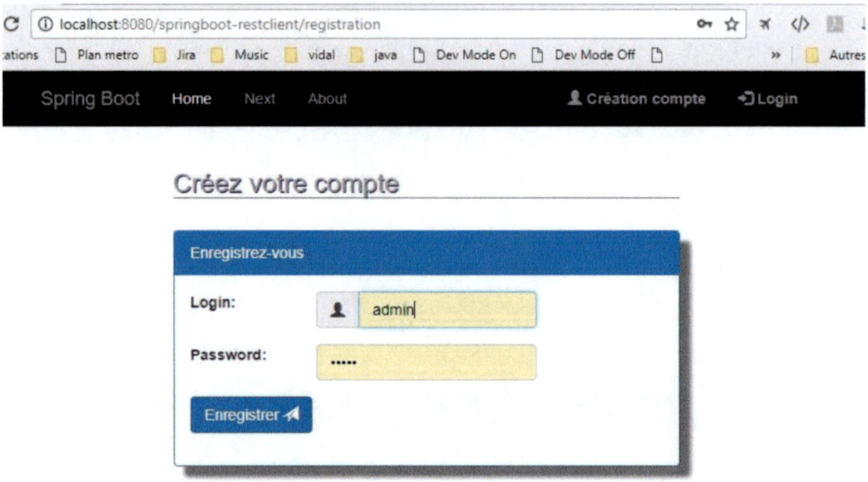

Écran création compte utilisateur

IV-6-4 Test de connexion

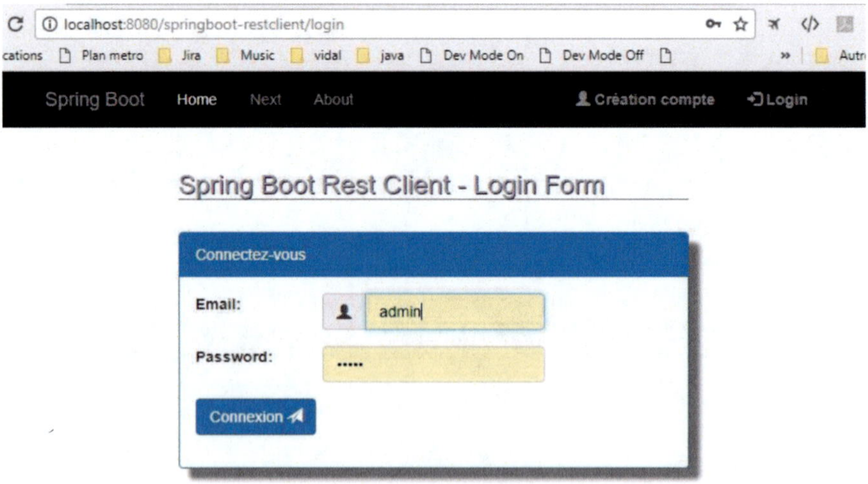

Écran de connexion

IV-6-5 Page d'accueil après connexion

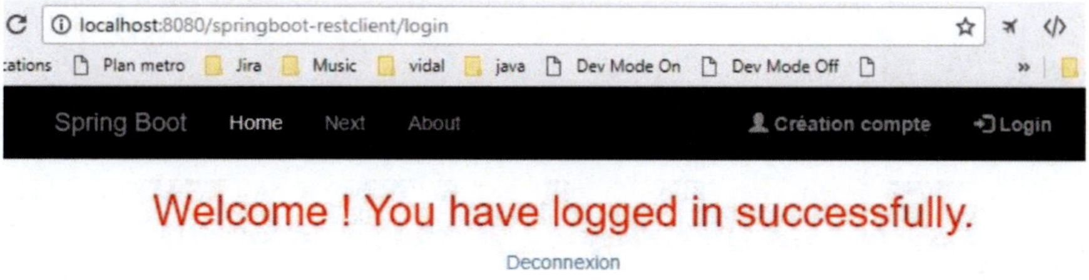

Connexion avec succès

IV-7 CONCLUSION

Nous venons de découvrir l'efficacité de Spring Boot et Spring RestTemplate qui nous facilite grandement la tâche en matière de configuration des dépendances, facilite également l'instanciation des beans, rend le déploiement d'une application transparent pour le développeur, etc.

Spring Boot intègre parfaitement les frameworks de tests unitaires (comme **Mockito**) et de tests d'intégration. Grâce à **Spring RestTemplate**, il est très facile de consommer un service REST.

IV-7-1 Sources et références

Projet Spring Boot
– http://projects.spring.io/spring-boot/

Pour générer un projet Spring Boot
– https://start.spring.io/

D'excellents tutoriels sur REST et SOAP
– http://mbaron.developpez.com/#page_soa

Mise en place des filtres pour la gestion des requêtes Cross Domain
– http://sqli.developpez.com/tutoriels/spring/construire-backend-springboot/

Étude comparée SOAP et REST
– https://www.supinfo.com/articles/single/2441-comprendre-soap-rest-leurs-differences

IV-7-2 Remerciements

Tous mes remerciements vont au responsable de la rubrique JAVA (**M Mickael Baron**) qui m'a suivi et encouragé dès le départ à la rédaction du tutoriel sur **www.developpez.com** et que j'ai repris dans ce manuel. La correction orthographique a été assurée par **M Cedric Duprez**, à qui j'adresse mes remerciements.

Table des matières

Achevé d'imprimer en juin 2018 par LEN S.A.S. – 93400 St Ouen
Dépôt légal : juin 2018
Imprimé en France

Made in United States
Orlando, FL
04 November 2026

90202060R00067